一流规划教材
一流学科教材

技术史研究导论

INTRODUCTION TO
THE HISTORYOF TECHNOLOGY STUDIES

王安轶
（德）沃尔夫冈·科尼希 编著

U0256612

中国科学技术大学出版社

内 容 简 介

技术源于人类生存和进化的需要,随着技术的发展,人类从蒙昧走向文明。在某种程度上可以说,人类历史就是一部技术史。目前,以技术发展为对象的技术史是一门历史学下相对比较"年轻"的子学科。与所有的新兴学科一样,技术史学科的发展是伴随着学科理论体系及其方法论的自我发现和逐步建立的过程。本书从技术史研究的内涵、特点、理论和方法,以德国技术史研究为例,探讨技术史研究的理论框架及研究中存在的若干问题。

图书在版编目(CIP)数据

技术史研究导论/王安轶,(德)沃尔夫冈·科尼希(Wolfgang König)编著.—合肥:中国科学技术大学出版社,2020.12
ISBN 978-7-312-05108-1

Ⅰ.技⋯　Ⅱ.① 王⋯　② 沃⋯　Ⅲ.技术史—研究—德国　Ⅳ. N095.16

中国版本图书馆CIP数据核字(2020)第246291号

技术史研究导论
JISHUSHI YANJIU DAOLUN

出版	中国科学技术大学出版社
	安徽省合肥市金寨路96号,230026
	http://press.ustc.edu.cn
	https://zgkxjsdxcbs.tmall.com
印刷	合肥市宏基印刷有限公司
发行	中国科学技术大学出版社
经销	全国新华书店
开本	710 mm×1000 mm　1/16
印张	18.25
字数	274千
版次	2020年12月第1版
印次	2020年12月第1次印刷
定价	39.00元

前　言

FOREWORD

　　技术史是一门历史学下相对比较"年轻"的子学科。与所有的新兴学科一样，技术史学科的发展伴随着学科理论体系及其方法论的发现，也是一个逐步建立的过程。技术史学科已经在德国的科学视野中逐渐制度化并建立起来了，有这样一个不容忽视的科学家群体将自己视为技术历史学家，并通过一系列分散的理论立场和问题来指导自己对技术史的研究。但是，这样的研究方式的差异不代表技术史研究缺乏相对统一的研究方法，而是由技术史编史学框架下的不同研究方向带来的。

　　在本书的介绍和研究成果中，技术的历史将构建起关于这个共同的编史学的理论框架，并在这个框架下发散多元化的见解。其背后的理念是,每个学科都是由共同的学科范畴体系和原理组成的,并且致力于多元化方法论和折中主义的观点。后者并不是任意性的产物,相反,这意味着可以根据给出的理由对不同的经验和理论方法进行探讨,而不能运用具有一般约束力的特征来决定技术史研究的走向。考虑到这一点,本书还将对技术史及其相邻的学科(如科学史、工程史等)进行综合分析以及反思。

在技术史研究的理论部分,笔者从技术与技术史研究的历史与价值、自然科学和人文社会科学系统中的技术与技术史、技术史研究的对象与范畴以及技术史研究的多元理论来探讨技术史作为跨学科技术研究的问题。

对于技术与技术史研究的历史与价值,笔者则从技术的概念谈起,由其概念中体现的技术的特质延伸开来,认识技术在人类历史中的地位与价值,从而关注技术史研究对人类社会发展的意义与价值,进而探讨18世纪以来中外技术史研究的发展概况。

在自然科学和人文社会科学系统中的技术与技术史部分,笔者假定技术史不是一门学科或一组学科的集合,而是提供了一种审视技术相关学科发展的观点和角度。科学系统代表了所有大型学科群体,而涉及科学系统中方方面面的技术史是在这个系统中受益最大的单个学科。很显然,技术史是一门跨学科技术研究的学科,这一学科的研究方法和传统的系统性的学科不同。相比之下,技术的历史研究对来自外部的理论和方法论上的借鉴是相对开放的。总的来说,技术史属于交叉学科。

技术史研究的对象与范畴以及技术史研究的多元理论,是本书的重点章节。笔者没有在其中发展自己的理论体系,而是提出了技术史中常见的或可以很好地服务于技术史研究的多重方法。笔者认为,列出的所有概念和理论在特定的研究情况下都可以被证明是有价值的,但这样的列举也有局限性并会导致理论上的损失。因此,本书的一个教学目标就是鼓励学生对理论概念进行更多的反思,而不是被固定的概念束缚住自己对技术史的理解。

19~20世纪的技术部分简要地概述了从工业革命到今天的技术发展,分为工业社会中的技术与日常消费社会中的技术两个部分。重点研究了经典的工业化国家,尤其是英国、美国和德国在工业革命后轻工业、重工业中各行业的技术发展。像所有科学发展史一样，这一部分以非常精练的方式概述了这一阶段在技术史上以专业化为特征的巨大的发展趋势。在这一部分中，关于个人的创新和创新者的研究并不是主要的关注对象，更多的关注点在于技术史研究中的宽度和广度以及涉及技术史经典研究著作和近期发表的一些研究文献上。

本书的读者群体是那些在技术史研究方面处于入门水平并且希望进行更深入、系统地探索的读者，或者是那些想要批判性地回顾关于技术史的思想的人群。同时，本书也面向从事科技史研究的高年级学生，以及技术史方向的研究者。另外，本书也可以作为其他研究方向的历史学家以及其他学科的研究者用于查找有关技术的历史的相关信息的参考书。本书的目标是为技术史上最重要的问题提供最基本的理解和探讨，并通过大量相关文献的介绍引出更深入的研究。从技术史学科的范围之外看技术研究的一般概念，这样的角度同时也应适于工程师、经济学家、创新研究人员以及技术社会学家以遵循该系列的概念指导，本书同时也整合了技术历史发展和技术史理论方法论的解释。

正如最后一章"关于技术史学习的意义"所论述的,笔者希冀读者通过对本书的阅读,反思技术史的意义和价值,以及通过历史研究探讨技术的社会贡献。

前言 ……………………………………………………………（ⅰ）

1　技术与技术史研究的历史与价值 ………………………（1）

1.1　技术与技术史 …………………………………………（1）

1.2　技术在人类历史中的地位与价值 …………………（6）

1.3　技术史研究的意义与价值 …………………………（12）

1.4　18世纪以来的中外技术史研究 ……………………（14）

2　科学体系中的技术与技术史 ……………………………（27）

2.1　科学与技术的关系 …………………………………（27）

2.2　什么是技术科学 ……………………………………（31）

2.3　自然科学中的技术要素 ……………………………（34）

2.4　技术与工程 …………………………………………（37）

3　人文与社会科学体系中的技术与技术史 ……………（40）

3.1　技术史研究与社会科学 ……………………………（40）

3.2 技术史研究与人文科学 ···（49）

4 技术史研究的对象与范畴 ···（64）

4.1 西方传统技术史研究 ···（67）

4.2 中国技术史研究 ···（85）

5 技术史研究的多元理论 ···（96）

5.1 技术决定论 ···（96）

5.2 技术评估和技术起源 ···（101）

5.3 技术的社会建设 ···（104）

5.4 技术和社会之间的调解 ···（110）

5.5 进步与现代化 ···（125）

5.6 革命与进化 ···（128）

6 19~20世纪工业社会中的技术 ···（135）

6.1 英国工业革命 ···（137）

6.2 全球化中的工业化和技术转让体系 ···（185）

6.3 战争与技术 ···（193）

6.4 工业社会的技术主体:工程师 ···（197）

7 19~20世纪日常消费社会中的技术 ···（204）

7.1 消费技术的历史与本质 ···（204）

7.2 能源基础的多元化 ···（210）

7.3 城市——科技需求之源 ···（217）

7.4 流动性和大规模机动化 ···（224）

7.5　大众传媒 ···(234)

7.6　未知的未来:技术、环境与消费 ·····················(246)

8　关于技术史学习的意义 ·······················(254)

西文人名及译名 ·····································(266)

后记 ···(273)

1 技术与技术史研究的历史与价值

1.1 技术与技术史

古希腊罗马时期出现的概念"techne"(艺术、技巧)、"logos"(语言、词汇)以及中世纪鼎盛时期出现的概念"ingenium"(工程、工艺)共同为人类的能力和创造力描绘出一片广袤天地。亚里士多德曾把技术看作制作的智慧,提出"技术即制作"的观点。这一表述表明,人们对技术的认识不仅在于"制作"这一实物层面,技术也有以知识形态出现的"智慧"这一思想层面。17世纪,英国哲学家弗兰西斯·培根(Francis Bacon)曾提出要把技术作为一门操作性学问来研究。德国哲学家伊曼努尔·康德(Immanuel Kant)也曾在著作《判断力批判》中讨论过技术。到18世纪末,法国科学家德尼斯·狄德罗(Denis Diderot)在他主编的《百科全书》条目中开始列入"技术"条目。他指出:"技术是为某一目的共同协作组成的各种工具和规则体系。"

在中国古汉语中,秦汉时期就出现了与"技术"有关的词句。如"古之学术道者,将以得身也,是故圣人务焉"(《礼记·乡饮酒义》)、"技巧者,习手足,便器械,积机关,以立攻守之胜者也""汉兴有仓公,今其技术晻昧"
(《汉书·艺文志》)、"医方诸食技术之人,焦神极能,为重糈也"(《史记·货
殖列传》)等。但是中国古汉语中"技"和"术"通常是分开使用的,虽然两
者都有"技能、技艺、技术、技巧"等意思,但含义、用法上却略有不同。"技"
字具有"工匠"的意思,而"术"字则具有"道路、方法、手段、策略、历法、省
视"等意思。很显然,从内涵上,"术"的外延略大于"技"。但是,发展到后
来,"技术"一词连在一起使用了,而较少甚至基本上不单独使用"技"
或"术"。

　　通常,我们认为技术是一个历史的范畴,是指人们从现实到达(或者
说实现)理想目标所必须遵循的综合操作方法,包括相关的真理性认知、
科学理论、经验、工具、设施、环境等。要确切地解释什么是"技术"是很难
做到的,理论界对此也众说纷纭。关士续在《科学技术史纲要》中认为,技
术是指技艺和技能。约翰·德斯蒙德·贝尔纳(John Desmond Bernal)在
《社会历史中的科学》中认为,技术是社会所确认的制作各种产品的方法。
德国技术史学家菲利斯·克斯勒(Phyllis Kössler)把技术看作一切用来达
到人类目的的装置。此外,还有包括"技术是生产力"等观点。一般来说,
技术分为两类:其一,技术是知识。作为知识的技术一般适用于我们所说
的现代技术,其拥有一定的理论体系,有科学依据。而古代的技术多以一
种"默会"知识的形式,更多解释为工艺、技艺。英国技术史家C.辛格
(C. Singer)在7卷本的《技术史》中,把技术定义为"人类能够按照自己意
愿的方向来利用自然界所储存的大量原料和能量的技能、本领、手段和知
识的总和"。其二,技术是工具和手段。在人类改造自然的活动中,技术
是实现自然界人工化过程的手段,成为人类与自然相互作用的中介。如

果把技术放在社会生产系统中去考察,则技术作为劳动手段是生产力的要素。

由于技术的多面性,哲学家们也从定义上审视技术的本质。美国卡尔·米切姆(Carl Mitcham)在保罗·T. 杜尔宾(Paul T. Durbin)主编的《A Guide to the Culture of Science,Technology and Medicine》中技术哲学部分就将历史上的技术定义加以分类、概括,认为技术定义有以下四个类型:作为实物的技术、作为方法的技术、作为知识的技术以及作为抉择的技术。社会学家威廉·奥格伯恩(William Ogburn)在《技术含义》中曾指出:"技术像一座山峰,从不同的侧面观察,它的形象就有所不同。从不同角度去观察都有可能抓住它的部分本质内容,因而,从不同的角度来分析技术就很有必要了。"他还从11个不同的侧面指出技术所具有的11个属性,尝试用列举法描绘出技术的全貌。

1979年,技术哲学家君特·罗珀尔(Günter Ropohl)在他跨学科的著作《通用技术》(《Allgemeinen Technologie》)中,就已经强调了技术起源过程中生产与消费的相互作用。根据该著作最新版本对"技术"的定义,"技术"应该包括:(1) 以实际应用为导向的、人造的、客观具体的产物的集合(制造物或实体系统);(2) 产生实体系统的人类活动和设施的集合;(3) 使用实体系统的人类活动的集合。罗珀尔提出了他对技术的理解,但他并未对"技术"本身给出一个绝对的定义,而是仅仅赋予了这个词一种语言使用规则,德国技术史在很大程度上采用了这一规则。它大致对应美国技术史中使用的技术概念,只是定义更为精确。在美国技术史中提及的一般是"技术语境或环境语境设计法"中的技术。

概述的技术术语的优势在于它们的通用性和开放性。它们不会先判断技术的定义,然后先入为主地做出初步决定。在这方面,它们与实用主义的技术术语不同,后者从一开始就在更大的社会文化环境中为"技术"这个词语分配特定功能。例如,技术是人类学研究的绕不开的话题,是器官的投射,是支配自然的手段,是文化或文明的要素,是价值体系的象征性表达,是社会的生产力,是沟通的媒介。功能主义者的各种技术术语及其引人注目的表述,高度概括了这个抽象概念,是基于各个方面的解释进行的构思。

可以看出,技术具有双重属性,包括自然属性和社会属性。技术的自然属性是指人类的一切技术现象和过程都严格地受到自然规律的支配,任何违背自然规律的技术活动都是不可能实现的。任何时代的技术,即从古代到现代的技术,都是对自然规律从不自觉到自觉的应用。技术的自然属性表明在内在构成上自然科学知识是技术的主体要素,并且任何技术都会造成一定的自然结果。这种结果可能是人类乐见其成的,也可能是预料不到的负面结果。总之,技术的自然属性是自然界本身各种自然过程内在本质联系的反映。技术的社会属性是指人类对技术的应用有着鲜明的实用性和社会性,任何技术都具有目的性,没有目的性的技术是不存在的。同时,技术的社会性也受到了社会因素的制约,没有社会的需要,技术就难以产生和实现。

总的来说,根据上述关于技术概念历史演变的考察,现代意义上将技术概念定义为:人类在认识自然和改造自然的过程中,为了提高社会活动的效率和增强社会活动的效果所创造的一切技能体系、物质手段和工艺方法的总和。

对技术的上述理解可以说明技术史的研究范围。技术史是研究技术发明、技术应用、技术发展历史过程的一门新兴学科。技术史是人类文明发展史的重要组成部分。日本的《社会科学大事典》一书从研究的内容和侧重点把技术史分为四种类型：

第一种是研究技术本身发展规律在社会中实现的过程。马克思正是在研究资本主义的生产方式中，注意到近代科学技术的发展与社会生产之间的本质联系，从这一方向去研究技术史，那么它就可以从社会生产和生产力的发展这一更为广阔的背景中去探索科学发展的规律。

第二种是以社会经济条件为基础，研究体现为生产力的技术。探寻技术在社会经济发展中的重要性，以及对社会经济发展的影响。

第三种是把"制造工具的人"作为技术史的一环，以研究各种类型的文明史。技术本身承载了人为的要素，人作为技术发明的载体，其本身的知识结构、能力和思想对工具的使用有着决定性作用。因此，在技术史的研究中，技术的主体是研究的方向之一。

第四种是考证史实材料。这是一种传统的历史研究，如古代技术对发掘的未知史实的研究考证就属于这类技术史。技术史与考古有着密切的联系，对古代技术的研究需要考古证据的支持，同时，技术史理论也扩展了对古代技术探求的考古研究领域。

综合来看，技术史的研究任务主要是根据技术发明的历史事件、制作工艺过程的发展及其人物的技术思想来总结技术发展的规律，从而揭示出与其相应的社会发展的过程与水平。

1.2 技术在人类历史中的地位与价值

哲学家汉斯·波塞尔(Hans Poser)在为其作品合集《技术的挑战》(《Herausforderung Technik》)作序时,以这样的论述起头:"几乎没有东西能像'技术'这样如此深刻地影响我们的生活。"对此,他给出了一种富含个人历史观的理由:生命开始并结束于医院。对汉斯·波塞尔而言,医院相当于一种大型社会技术机器;在人出生和死亡时,技术设备都扮演了重要的角色。在不少情况下,人出生后伴随着保温箱,死亡前面对着监护病房。因此,从妇科学到老年病学,人类始终离不开技术。

人类学从宏观上也对这种个人历史观进行了补充。人类从开始到结束也均绕不开技术的话题。法国人类学家安·勒儒瓦高汉(Andre Leroi-gourhan)用"手和字"这对概念,即用技术和语言的隐喻指出,这两个词适合解释人类形成并发展成智人的过程。并且,在历史进程中给极大增强的技术支配权提供了一种可能性,即人类或许会因其技术的进步未来将从地球上消失。因此,很难过高地评价技术在人类历史进程中的地位和价值。

哲学家、人类学家,偶尔也有历史学家多次强调技术对人类历史的作用和塑造世界的力量。他们在考证"新石器时代革命"和"工业革命"这两个人类历史最重要的变革时期时,强调技术在这两个时期中的地位和价值，也强调了技术作为变革社会的主要因素。

下文中"文明"这个概念将作为主题词来串起这种改变以及技术对此的意义。文明代表了在特定时间和空间下人类生产的总和，也就是表示了时空的整体。因此，文明成了对人类历史发展最普遍的总称。一个如此宽泛的文明概念的缺点在于缺少特殊性。其优点在于，避免了相应文明领域有关价值或无价值的标准式预判，并且对于在不同文明之间同步且历时的比较具有较高的灵活性。

广义的文明概念内在包含不同的方面。从人类学角度，通常内在的文明包括社会、精神和物质文明。社会、精神和物质文明以常规的思辨方法塑造出不同的人类文明。如此一来，人类共同生活的方式归为社会文明，语言和艺术归为精神文明，合理运用自然资源的技术归为物质文明。这样的分类简单明了、直观且具有启发性。然而，这样的分类也受到了质疑——它是否符合在社会实践中交错的社会、精神和物质的融合？社会、精神和物质也可以理解为三个维度，这些维度存在于任何一种行为之中。从这个角度来理解，技术的三个维度包括：(1) 技术可以理解为调节人类互动的社会机制。例如，交通信号灯是一种交通管制技术设施。(2) 技术可以理解为人文创新创造的结果以及使用者的脑力和智力习得。(3) 技术亦可以理解为人与自然的物质代谢，是对自然界的物质占有。

这种宽泛的社会、精神和物质的三个维度的概念可作为一种启发的模式，用于分析人类历史巨大转变中的不同时代：新石器时代、工业时代和我们所处的当代。早期人们多以局限于技术的方式来解释"新石器时代革命"，这种方式既不能正确展现变化的完整性，也不能体现技术的重要性。这种解释是从新式的考古学出土物，即经打磨并钻孔的石器中推导出来的。取而代之,如今"新石器时代革命"用来表示公元前7000～前3000年之间发生的人类从游牧民族生活到定居生活的过渡时期。从猎人和采集者到乡村和城市居民的过渡是伴随着各文明的各个维度的巨大变化而发生的。

定居生活使得农业和畜牧业成为可能。随着农业的发展,人类发明了规模更大且效率更高的设备,例如由动物牵拉的犁。长期定居在一个地方,也提高了人类栽培植物和饲养动物的成功概率。农业的发展不仅使人类能够稳定地获取食物,同时也让人类从植物和动物身上获得了亚麻和麻类植物纤维以及绵羊和山羊毛,这些资源可被用于制作服装。在织布机被发明后,人类将手工纺锭纺出的线加工成纺织品,这比之前穿着的皮毛更适宜于穿戴。

人类在长期的定居生活之后,有机会积累与各自居住地中出现的原材料相关的实践经验。这种实践经验的积累一般是从原材料的加工过程中取得的,来自不太常出现的偶然事件,或者从耗费时间的试验方法和错误中产生。新石器时代首次制造陶罐、冶炼矿石和制造玻璃都是这样在实践经验积累的过程中取得的成果。用黏土制成的容器被当作日常餐具和食物储存器,用青铜制造出武器和工具,制造的玻璃主要加工成艺术品。

定居生活也使得居民区越来越大,人类的群居生活产生了对规则的需求。比如,人们应当在他们的私人领域中活动,同时也不得影响整个区域里其他的邻居和群体。在治河工程和水利工程文明中出现了特殊的协议要求,比如在何地修建和维护水坝及水道。水路的使用以及灌溉作业要求参与者之间进行约定。在这些文明中出现了社会等级结构、法律体系和统治形式,这种发展促进了政治和社会分化的出现和加速发展。与此同时,城市与城邦之间、城市与农村之间以及城市手工业之间的功能性劳动分工也在细化。而贸易的产生则得益于车轮和车的发明。

精神文明发展从公元前4000年起在苏美尔和埃及诞生文字之后出现了高峰并逐步攀升。文字的产生首先作为一种统治工具,用于处于精英阶层人们之间的交流。文字记载了城市居民的收入和支出情况,保存了帝国的建国神话和统治者对后世的功绩,记录了法律并使得在自己领土内和跨越边境的政治沟通成为可能。

在新石器时代革命中形成各种各样的定居社会,在工业革命中史无前例的社会活力得以继续。从18世纪晚期起,英国从农业国家发展成了工业国家。与此同时,人口开始得到了从未有过的增长。英国工业化成为一种社会转型的新模式,在19世纪和20世纪期间这种模式席卷了许多其他国家和地区。在工厂中利用机器进行合理的批量生产的过程构成了工业体系的核心,由此获得商品和服务成本的降低。资本的积累使农业社会转变成了消费与富裕社会。而这种变化所依赖的主要物质资源是煤炭。经济史学家维尔纳·桑巴特(Werner Sombart)将工业化之前的时期称为"木制时代"。千百年来,木材绝对是最重要的材料和能源原料。而煤炭作为能量源不仅在住宅供暖方面,并且在大量工商业生产和交换的过程中代替了木材。因而煤炭资源的大量利用导致了钢铁生产成本的降低。同时,煤炭也成为化学工业中最重要的原料,颜料、药品以及很多其他的衍生物都是从煤炭中制造出来的。

比起以增长为目标的工业社会,前工业社会更以生存为目标。相反,持资本主义竞争社会理论的学者认为市场化是一种为满足需求和财富增长的优势机制。随着市场化潜移默化的需求,社会各阶层都被普遍动员起来。从长远来看,资产阶级的崛起使贵族被赶下台,更为民主的政府形式取代了君主制的国家形式。社会阶层的流动也伴随着空间上的人员流动。大量劳动力从乡下迁入城市。数百万人从贫穷的地方迁移到富裕的地方。交通技术例如铁路、蒸汽船和电报使得这种新的流动变得更加便捷。

工业革命之后的时代也可以诠释成大众时代,因为大众日益成为历史的塑造者。目前,精神文明的变化也主要以大众现象的形态出现。教育被定义成一项公共义务,普遍的义务教育使文盲逐渐消失。拓展的阅读能力为大众沟通的新形式奠定了基础,最重要的载体首先是印制品,尤其是报纸。19世纪和20世纪之交,即便是工人家庭也能够负担起报纸的价格。而阅读成本的降低是基于由造纸机、排字机和印刷机等构成的工业机器系统的发展使得印刷成本降低和生产效率提高。

那么,当今我们是否又处在一个类似革命的变革阶段呢?前面所讨论的"文明模式"是否可以帮助我们对当今所处阶段加以识别和诠释呢?显然,我们正处于工业社会结构巨变之中。可以说,当今只有小部分人口仍在工业部门工作,工业的萎缩程度与19世纪末和20世纪初的农业相似,两者都是社会不可或缺的经济发展要素。同样显而易见的是,迄今为止尚无令人信服的概念来概括正在发生的划时代的变化。

这里所提出的三个维度的"文明模式"从一开始就避免了某一个单方面的概念的夸大。当代物质文明发展的特征就在于这些概念的积累和差异化。工业的发展为人们提供了历史上无法比拟的大量高度差异化的商品和服务。它们的积累丰富了人类的社会生活,但这一过程也不可避免地带来人类心理问题和生态伦理方面的挑战,以及经济饱和的问题。不管怎样,在成熟的消费社会和差异化的买方市场中,萨伊定律(Saysche Theorem)①不再适用,即各产品创造自己的市场。在客户定制的单独解决方案的扩展可能性与批量产品的成本优势之间,市场达成了处于不断变化的平衡。

个性化和全球化可理解成社会文明的互补趋势。家庭规模的发展伴随着大家庭、小家庭和至少在大城市中占主导的单一户的数量变化,从而为个性化提供了统计学例证。社会关系越来越不再是长期固定的,而是互相关联且不断重新组合的网络。通信、娱乐和家用技术为社会文明的发展提供了技术支持。

作为社会文明趋势的"全球化"很少是指处于公众利益中心地位的经济全球化。其主要是指,从全球和本地元素中形成了一幅新型文化生活方式的拼缀图。属于此类的诸如大城市中各式各样民族和地方菜肴,汇集了不同文化元素的服装时尚,近处郊游和长途旅行相结合,无视空间距离的媒体娱乐服务以及更多其他方面。针对全球和地方的融合,罗兰·罗伯逊(Roland Robertson)提出了全球地域化的概念。作为广义的全球化维度,民族和国家正失去意义。从长远来看,这必将由跨国全球机构进行补充。

1962年,加拿大学者马歇尔·麦克卢汉的《古登堡银河系》(《Gutenberg-Galaxis》)一书所描述的印刷媒体对世界的影响正在失去其优势。②

---

① 萨伊定律的核心思想是"供给创造其自身的需求"。这一结论隐含的假定是,循环流程可以自动地处于充分就业的均衡状态。

②《古登堡银河系》中提出古登堡时代这一概念,用以描述以书籍作为主要媒介的时代。他认为,这个时代已经被电子媒体的时代所取代。

电影、电台、电视和网络等早已占据了大部分人们的绝大多数时间。不管信息和通信技术具体如何发展,它们都将带来口语化和图像化的复兴。图像生成可能性的拓展增大了它们在通信中的地位价值。机器对语言的理解和生成增加了口语化的重要性。如今,所有这些已经以去标准化的形式对书面化起了反作用。"古登堡界"的代表将其诠释成文明的瓦解,这种匆忙得出的结论,应该是从简化的历史视角出发的。但是从精神文明的变化中产生的结果和任务要复杂得多。文本、图像和声音形成新的联系,这种联系利用了各表达形式的特有优势。然而,这些变革都是以技术的发展为前提的。

1.3   技术史研究的意义与价值

技术在人类历史中不可取代的地位和价值,才使得技术史成为一个不可忽视的研究领域。技术史是人类文明史的重要组成部分,技术史研究对于探讨技术思想起源、发掘技术遗产、丰富人类文化宝库,以及对于总结人类改造自然的经验教训,更好地认识现在、预测未来都有重要意义。马克思在其著作中多次提及科学技术对社会性质的重要影响,技术发展的因素是他论证资本主义制度发展的重要因素之一。马克思认为:"工艺学会揭示出人对自然的能动关系,人的生活的直接生产过程,以及人的社会生活条件和由此产生的精神观念的直接生产过程。"列宁也曾指出：“要继承黑格尔和马克思的事业，就应当辩证地研究人类思想、科学和技术的历史。”技术史研究在社会发展、政策制定和文化建设上都有重要的作用和价值。

华觉明先生曾具体论述过技术史研究的社会职能。他认为技术史的性质和科学价值决定了它的社会职责和功能，并且提出了三个方面关于技术史研究价值的论述：

（1）技术史研究是一项基本的文化建设，对于继承和发扬历史文化具有不可替代的重要作用。这是技术史的历史价值，由此决定了它在提高人们的文化素养，进行爱国主义、历史主义教育和国际文化交流等方面的功能和作用。中国灿烂的技术文明，在世界文化史上占有重要的历史地位，有着广泛的影响。发掘、整理、保存、发扬珍贵的技术文化，都离不开技术史研究。它是一项对人民群众进行爱国主义和历史主义教育，提高全民族的文化素养，促进国际文化交流的研究活动，是文化事业的一项基本建设。

（2）技术史研究是科学事业的一项基本建设，对于技术科学的发展有着不可替代的重要作用，从而又对物质生产的发展起促进作用。这是技术史的现实价值，由此决定了它在提高工程技术人员的科学素养，进行技术创造，将精神的生产力转化为物质的生产力等方面的功能和职责。威尔德在《美国炼钢史》中说，我们研究过去，因为它导向现今又启示未来。……当回顾既往，我们的心神始终注视着前方。现今的技术是从过去的技术发展而来的，未来的技术将要从现今的技术转化而来，既属同一技术范畴，便有联系，便有共性，便须通过历史的考察来估量得失，有所鉴戒，又可以从古今的得失变易来测度和规划未来。由此可见，技术史的研究带有全局和战略的性质。如李迪于1987年8月11日在《科技日报》发表的《从科技史角度探讨中国科学复兴的道路》一文。从文章题目可以看出作者的意图。又如我国学者对李约瑟所提出的"李约瑟难题"的研究，对寻找我国科技发展的道路显然具有极其重大的意义。

（3）技术史是科学技术史的两大组成部分之一，尤其技术史自身的学术价值，是科学技术史和其他一些相关学科的建设必不可少的内容。正如马克思在写作《资本论》时要研究纺织机械的发明史，郭沫若在研究中国古代史分期时要探究冶铁术的起源。在讨论中国科学技术在近代为什么落后的问题时，过去少有人问津的与近代技术发展有关的文献与工具书，立刻显现了它们的价值。同时，人们明显感到了近代技术史研究的欠缺。随着史学研究的发展，这种欠缺将愈来愈频繁地表露出来，将会对技术史研究提出更多更高的要求，对于考古学、科学学、技术哲学等学科来说也是这样。从这个意义上制定技术发展战略和技术政策，需要从技术史研究中汲取经验，寻找依据。

1.4　18世纪以来的中外技术史研究

技术史的肇始一般认为是1722年德国哥廷根大学约翰·贝克曼（Johann Beckmann）创立了工艺学，其中包含现在的工程学和工程技术史两方面的内容。在整个19世纪，技术史的著作几乎都是德国人完成的，包括约翰·波普（Johann Poppe）的《技术史》、卡尔·卡尔马什（Karl Karmarsch）的《技术史》、奥斯卡·霍普（Oskar Hoppe）的《发明发现史》等。

技术与技术史成为一个独立的体系和门类经历了漫长的发展过程。早期，对技术史的关注主要是负责外部美学形式的建筑师和负责内部技术功能的土木工程师，源于他们的出现和分化。在17～18世纪的法国，既有针对房屋建筑的私立建筑学院和土木学院，也有旨在培养工程师，特别是针对军事技术装备和交通基础设施建设而设立的公立学校。建筑学院以艺术美学为核心，而土木学院以数学和自然科学为主要导向。德国的多元技术学校和技术类高校既培养土木工程师，也培养建筑师，直至1870年左右才开始划分成两部分。1900年，赫尔曼·穆特修（Hermann Muthesius）在报告中呼吁，把建筑师从技术类高校中剔除，归还给艺术。这为建筑技术和建筑艺术之间的主要对立关系提供了依据。不仅在19世纪后期有国家建筑师组成的"工程师和建筑师协会"，而且1903年还组成了跨区域的"德国建筑师联合会"（Bund Deutscher Architekten，简称BDA）。回溯历史的长河，BDA的建筑师为政治机构和公共场所创造了许多具有艺术价值的建筑作品。

然而在19世纪，工程师和工程学的发展也独树一帜。他们开始风格化，树立起对技术进行理性计算的代表人物的形象。技术产物的美学表达形式，要么因为过剩而消亡，要么转化为建筑师或是纳入之后产生的设计师。工程师所要求的理性和科学性似乎和数学以及自然科学最为接近。然而在19世纪晚期，自然科学划分界限后，紧接着艺术也开始划分界限。与此同时，每个工程学教授都致力于找出自然科学知识和技术创造之间的基本区别。在技术创造和优化的过程中，工程师们的目标和别人对他们的要求一样实际。他们尽可能从经济的角度出发,确认目标;只要是有价值的决策,哪怕是临时决定,他们通常也都能接受。工程学致力于研究技术和经济的结构、技术的功能。工程学研究的一项重要任务就是制定和收集标准,再把标准以系统化的形式推广出去。

在18世纪的历史进程中,技术的发展得到了更多的展示机会,并逐渐进入大众视野。对于启蒙运动和理性主义的代表而言,技术构成了人类进步的重要元素,该元素需要加以理解并传授。例如德尼·狄德罗(Denis Diderots)和让·勒朗·达朗贝尔(Jean le Rond d'Alemberts)的《百科全书》(《Encyclopedie》)中对企业和工业"为教学而做"的描述即此目的。德国重商主义的技术学兴趣背后同样有功利主义的动机。因此,哥廷根的技术学创始人约翰·贝克曼在其《通用技术提纲》(《Entwurf der Allgemeinen Technologie》)中建议将不同企业的制造程序按实用目的进行系统化。他在《发明对历史的贡献》(《Beyträgen zur Geschichte der Er-findungen》)一书中,想为现在和未来保留"经验财富",其中他还探讨了技术行为的社会关联性。这些方法终究只是插曲。随着经济自由主义思想的传播,重商主义经济学分成例如国民经济学、金融学和政治学这些学科;技术越位了或者更确切地说以改良形式转化成了技术科学。

19世纪,技术科学体系形成,并且学科差异也越来越大,最早形成科学技术体系的是机械和化学工业技术。值得一提的是,综合技术学校和专门技术学院在课堂和教科书中探讨自己的科学和工业专业的历史。对此,这绝对会形成对技术发展的社会经济方面的相互关系的反思。当然,如果技术科学家们仍对原来的技术史研究感兴趣,那么他们通常会努力研究臆想合乎逻辑的技术内部的发展,如同驱动装置从摩擦连接到形状连接的发展或从线性运动到旋转运动的发展。

接近19世纪末,技术科学的发展为自身提供了经验研究设施,加强了与工业的联系,并培养了数量越来越多的工业工程师。数学、自然科学和艺术仍然与技术和工程科学密不可分,并为它们奠定基础。工程师和工程学家塑造了良好的社会形象,享有声望,并从中获利。数学和自然科学为他们贴上"精确"的标签,使工程师享有良好的声誉;艺术则赋予工程师和工程学以创造力。成立于1903年的"德国自然科学与技术杰出成就博物馆"将两者明显地融合在一起。在随后的几年中,工程师们还非常尊重技术创造等同于艺术创造和自然科学创造这一事实。

工程技术科学越是以实用和未来为导向,则越是失去了对技术历史的兴趣。或者更准确地说,在专业化过程中,它们将技术史作为一种边缘的子学科转移了出去。在第一次世界大战前的20年间产生了技术史专著、辞典参考书和期刊。1903年在慕尼黑成立了德意志博物馆,1918年在维也纳成立了科技博物馆。德国工程师协会成了技术史的中心。柏林工业大学的机械制造系在1909年为"机械技术史"设立了德国高校首个技术史教职。

工程师们从事技术史的研究不仅出于文明史方面的考虑,而且有技术实用主义的目的。他们通过将技术诠释成文明的一部分,得以与将技术贬低成纯粹文明保持距离的负面性观念的新人道主义一分高下。文明历史观点要求探讨技术、文明和社会的相互关系以及技术发展的原因和影响。然而,在技术史编史学的实践中仅仅只达到了一些相应纲领性表述的目的。伴随着技术实用主义的创立,从事技术史研究的工程师服从于技术科学的目标。技术史应该研究技术发展的规律性并以此方式指导技术研究。以前的技术解决方案可能会再次获得意义,并通过技术史反馈给研究和开发人员。

在第一次世界大战后的时期,工程师无暇顾及技术史发展的研究,直到20世纪60年代工程师主导的技术史研究在该领域还占据主流地位。此后,这样的模式被经过专门培训的历史学家所代表的技术史取代,并伴随着巨大的制度化推进持续至今。技术史教授职位的设立属于此类,且仅存于拥有技术科学专业的大学。从1965年起,由德国工程师协会主编的《技术史》出版,目的在于将其对象"归入到一般史的描述中"。新历史的子学科得以以小组和单独演讲的形式在历史学家日上展现,并参与了科学基金会的资助项目。有关该专业的发展值得一提的是获得了大众汽车基金会持续七年的重点支持。博物馆也是技术史的重要研究基地,除了大量小型博物馆外,还诞生了多个大型技术博物馆,以劳动世界为主题的居多。属于此类主题的有柏林交通与技术博物馆(如今更名为德意志科技博物馆)、巴登-符腾堡的曼海姆州立技术与劳动博物馆、汉堡劳动博物馆以及在莱茵兰和威斯特法伦的两个工业博物馆。波鸿的德国矿业博物馆以记录和研究技术文物而成名。这种现在被冠以"工业考古学"名称的活动可以追溯到战间期。

这一时期研究和宣传技术史的机构在国际范围内迅速增长。1919年英国成立了纽可门学会。1921年苏联政府成立了科学、技术和哲学委员会,之后该组织并入科学院系统。1958年美国成立了技术史学会,1968年在第十届国际科学史大会上决定成立国际性的技术史学术机构,名为技术史国际协调委员会等。战后时期,德国技术史研究逐步融入国际科技史研究中。国际技术史委员会(ICOHTEC)和美国技术史学会

（SHOT）对于专业交流起到了巨大的推动作用，对于技术史研究的推广意义重大。德国于1909年创立期刊《当代技术与工业史文集》，1965年复刊后改名为《技术史》。美国技术史学会自1992年以来也在美国之外举行会议。德国技术历史学家在1990年建立了技术史学会（GTG）这一独立的科学组织。这时期之前他们参加了德国工程师协会（VDI）或德国医学史、自然科学史和技术史学会。

其他国家在此时也开始重视技术史的研究。20世纪50年代，由英国帝国化学工业公司资助的辛格等人主编的《技术史》出版，这是迄今篇幅最大的技术史通史著作。1958年美国技术史学会成立，之后每年都在北美或欧洲举办学术会议。法国技术史家莫里斯·达摩斯（Maurice Daumas）编写的四卷本《技术通史》于1962年出版。1967年美国学者M. 克朗斯堡（M. Kranzberg）和C. W. 普塞尔（C. W. Pursell）出版了两卷本的《西方文明中的技术》，被许多大学列为教科书。

自20世纪60年代以来，推动技术史研究系统化的原因是多种多样的。起初有些人想从技术史研究中为战后年代特别有利的技术和经济发展正名。在20世纪70年代的经济和生态危机时期，不仅是工业社会的代言人，包括批判者都期望获得历史方面的论据支持。技术史得益于历史科学的兴趣从政治事件历史转移到结构史学。非技术但又以技术为主题的人文和社会科学课程被纳入工程师培养大纲，并且从社会整体的经济状况看，社会经济的富足以及充足的资金也为新专业的设立和扩充创造了活动空间。

自20世纪60年代以来，历史学家笔下的技术史被他们诠释成历史的子学科。这种融合是有意识的，即历史科学的主流长期忽略了技术。弗朗茨·施纳贝尔(Franz Schnabel)属于少数的例外,1934年他在其四卷本的《19世纪的德意志史》(《Deutschen Geschichte im Neunzehnten Jahrhundert》)的一卷中将技术与自然科学并在一起进行探讨。弗朗茨·施纳贝尔提供了一种技术的精神人文和话语历史。同弗朗茨·施纳贝尔相似,在德意志博物馆工作的弗里德里希·克莱姆(Friedrich Klemm)探究了其首先在自然科学中发现的技术的精神起源。弗里德里希·克莱姆在1954年发表的且后来又以修订版出版发行的《技术史》是来源于紧密的技术史学家行会的首批综合论述之一。

　　技术史博物馆的成立,是推动技术史制度化的另一个重要因素。历史博物馆既是科技史研究的实验室,又是宣传、普及科技史的阵地。这一过程始于1900年,并且很大程度上由工程师推动。在工程学的内容分化过程中,技术史在一定程度上发展成工程学的边缘学科,它需要符合一部分工程学的要求。技术史希望通过重新检查旧解决方案的可用性以及制定时不变系统的技术原理,为当前的技术发展做出贡献。

　　工程师在技术史著作中很大程度采用了工程学中的术语。技术史将"实体技术"放在中心位置,当时该术语还没有人使用。技术设备和技术方法的开发,在技术史出版物的内容中占主导地位;一系列的论文提出了广泛的机器类型谱系,这些谱系至今仍然很有价值。企业史作为整合到技术史中的一部分,重点内容是企业技术生产。相反,企业技术消费史的研究远远落后。

　　康拉德·马修斯(Conrad Matschoß)是早期技术历史研究者的主要代表,他曾在德国工程师协会工作,并完全参与了在世纪之交发生的人类工程学的转折。他不同意把技术当作一门应用自然科学,而是将经济绩效和技术产品的畅销称为衡量技术发展的相关标准。康拉德·马修斯将评估技术的成因和后果作为技术史的组成部分,这其实已经超过了工程学技术概念的纲领。但也正是这种面向未来的跨越界限的尝试,使得他的史学实践具有前瞻性。技术发展主要归功于"伟大的工程师们"的事迹,主要成果则是技术带来的生产效率的提高和由此带来的繁荣。

自20世纪60年代以来,工程师对工程史的贡献已被历史学家所取代。新一代技术史学家努力将技术史的研究对象和自我形象定义为历史学的子学科,从而使其与较早的技术史区分开,特别是试图将新一代的技术史与普遍的历史主题联系起来。早期技术史集中在技术个体,即人、发明和其他知识上,而新技术史寻求对技术结构变化的解释,并在各种社会经济背景下找到解释。与其他涉及技术的社会学和文化学相反,技术史并没有采取特殊的社会、政治或经济视角,而是旨在将不同学科观点进行融合,以纵观全局的视角研究历史进程。

尽管工程科学的划分是从专业的角度进行的,但是大多数新技术史学家还是希望可以考虑到相互依存的关系,或是整合各个课题。新技术史也采用了工程师的部分技术术语。他们还把技术实体系统视为重心,且他们又扩展了用于解释这一概念的上下文。新技术史学家们不再将制造物出现的先后时间顺序视为技术开发工作的结果,而是分析了它们的经济、政治和社会影响。工程史学家已经提出要求,对技术变革的起因和结果进行调查,这样能够更深入、更广泛地进行调查。

新的技术史也在旧技术的生产史基础上拓展了方式方法,以了解工作设备、工作组织、工作条件、工程师和工人的专业团队以及科学等等的发展情况。新技术史研究的中心问题来自当时的主学科,例如经济和社会历史、历史社会学和工业社会学。它的生产视角符合马克思主义和新马克思主义对生产力工作的普遍解释。从普遍的历史角度来看，新技术史研究来自贫乏社会几个世纪以来发展起来的思维方式，其目的是通过生产确保生计并实现增长。

　　从当今的角度来看，新的技术史在20世纪六七十年代有效地扩展了研究主题。换个角度看，它存在一个问题，使得工程学研究受限，即技术使用和消耗并未成为关注焦点，或者只作为生产系统的结果时才被人提及。实际上，只有拥有买方市场和史无前例的商品与服务范围的发达的消费社会，才能将消费的重要性带入科学意识。值得一提的是，美国和英国的历史学家在20世纪80年代发现，消费是一个主题领域。德国的技术史几乎和美国同步，从1990年开始将生产和消费的相互作用作为技术史的新示例进行宣传并实施。

　　由此，我们可以将20世纪的技术史理解为三个发展阶段。第一阶段是1900年左右工程师研究技术史经历的体制性突破（这里使用的是罗珀尔的术语，着眼于工件或技术系统的结构和功能的研究）。第二阶段是自20世纪60年代以来，技术史就通过追根溯源来扩展它的研究范围。第三阶段约从1990年开始，通过对其使用范围的研究扩展了技术史。

　　随后，在世纪之交，技术史的研究方向发生了一些变化，与技术相关的工程问题被提出。《工程与技术史：艺术方法》是美国佐治亚大学的地质学与人类学教授加里森（Garrison）所著的一本关于工程史研究力作。整体上看，该书不同于一些著名的技术史或科学技术史著作，它更多关注工程而较少关注科学技术；也不同于各类工程学科的专门史（如冶铁史、桥梁史、铁路史等），而更偏向于通史。它不仅是一部关于工程的编年史，而且是一部关于工程的观念史和社会史。在加里森看来,它更像是一本艺术与方法的演化史。他认为,"工程是一种在产生某一创造性的作品或产品过程中把具体需要与特殊设计进行独特结合的最古老的应用艺术之一"。正是如此,加里森认为"把工程既作为一门艺术又作为一种方法冠之以书名是合适的"。从其研究特色看,该书是以工程而不是以技术为研究对象,在内容上工程学与文化人类学相交融,在方法上考古学的实证与史论相结合,在工程如何发展的问题上蕴涵着演化思想。基于对《工程与技术史:艺术方法》的研究,可以比较清晰地看到工程史上存在着工程的多样性,不同门类工程以及同一门类工程内部之间存在着延续性与创新性。李伯聪教授在中国近现代工程史研究的若干问题中,把科学史、技术史和工程史放在一起具体分析了工程史的研究对象问题,提出"在工程活动中,工程决策是关键环节和内容,技术决策是工程决策的重要成分和因素,但是工程决策的本质往往不是单纯的技术决策。许多重大的工程决策往往具有很强的政治性"。

还有许多工程界各行业工程史的著作,如《A Social History of Engineering》通过以工程与社会的发展简史的形式论述了技术或工程的发展,特别是英国工程和技术的发展,揭示了这些技术的发展是如何影响社会生活并在某一阶段又如何受社会生活的影响等。《A History of Engineering in Classical and Medieval Times》从土木工程、机械工程等方面梳理了古代工程的发展。《History of Engineering in Time》系统地介绍了工程史和工程演化中各个工程要素以及工程系统之间的关联问题。

中国科技史研究始于20世纪初期,是以增强民族信心、弘扬中国传统文化为目的的。19世纪中期起,中国社会和文化受到了来自西方的强烈冲击,中国人和中国文化受到西洋人的轻视。随着妄自尊大的优越感的破碎,社会上出现了怀疑中国传统文化的失望、自卑甚至崇洋媚外的心态。对此,那些自尊、图强的科技专家和文人做出了自己的反应。他们开始研究历史上的科学技术成就。20世纪50年代开始,我国进行了科学技术史学科的建制化,并且采用了将科学史和技术史合流的模式。这主要是受到1932年苏联科学院科学技术史研究所的影响,其最早将科学史和技术史联系起来,并代表了一种意识形态的新取向。在1956年国家制定科学技术发展远景规划时,专门在《中国自然科学与技术史研究工作十二年远景规划草案》中提出了机构设置和人员调集的方案。1957年,自然科学史研究室成立后,该室起草的《1958~1967年自然科学史研究发展纲要(草案)》中"技术史"却不在其内。按照该规划,中国科学院组建了中国自然科学史研究室,下设学科史组,招收研究生;中医研究院、建筑科学院、水利科学院农业科学院和几所高等院校也成立了学科研究机构。而工程技术史则主要由刘仙洲等在清华大学组织中国工程技术史委员会,着力于整理技术史料。

1980年成立了中国科学技术史学会,1983年全国科技史学会下设立技术史专业委员会,除全国综合性的技术史学会外,还有部门的技术史学会,如冶金史、船史、机械史、生产工具史等学会。

至此,中国技术史研究的建制化逐步完善。历经30多年,技术史研究在中国形成了多门类、多方向、多交叉的研究学科。中国技术史研究的对象和范畴将会在本书第4章中具体谈到。

思考题

1. 举例说明技术在人类发展进程中的价值。

2. 简要说明技术史研究的意义。

3. 18 世纪以来,西方和中国的技术史研究相继展开,可否通过阅读比较两者在技术史研究中的特点和差异?

4. 阅读"拓展阅读"中的一本技术史相关图书,了解中西方技术发展中的亮点。

拓展阅读

[1] Leroi-Gourhan A. Gesture and speech[M]. Cambridge:MIT Press,1993.

[2] Poser H. Herausforderung Technik:philosophische und technikgeschichtliche Analysen[M]. Frankfurt am Main:Peter Lang,2008.

[3] Staudenmaier J M. Technology's storytellers:Reweaving the human fabric[M]. Cambridge:Society for the History of Technology and the MIT Press,1985.

[4] 迪尔克斯,格罗特.在理解与信赖之间:公众,科学与技术[M]. 田松,卢春明,陈欢,等译. 北京:北京理工大学出版社,2006.

[5] 杜澄,李伯聪.工程研究:跨学科视野中的工程[M]. 北京:北京理工大学出版社,2004.

[6] 费雷.技术哲学[M].陈凡,朱春艳,译.沈阳:辽宁人民出版社,2015.

[7] 芒福德.技术与文明[M].陈允明,译.北京:中国建筑工业出版社,2009.

[8] 斯诺.两种文化[M].纪树立,译.北京:生活·读书·新知三联书店,1994.

[9] 王鸿贵,关锦镗.技术史:上、下册[M].长沙:中南工业大学出版社,1988.

[10] 张柏春,李成智.技术史研究十二讲[M].北京:北京理工大学出版社,
2006.

2 科学体系中的技术与技术史

2.1 科学与技术的关系

不管是过去还是现在,技术在科学体系中始终以隐性或显性的方式呈现,然而它的地位却经常改变。因此,将机械技艺归于科学系统中对于中世纪的科学系统主义者来说显然仍是困难的。近代早期,自然科学中对应用科学提出要求,即用科学来解释技术或强调科学是技术的基础。例如,18世纪在重商主义科学背景下形成的技术在很大程度上推动了照相技术的发展。

自然科学和重商主义的技术(Kameralistische Technologie)①都不能满足赶超式的工业化要求。在这种背景下,19世纪技术科学(Technikwissenschaften)作为新的学科(Disziplingruppe)进行了制度化,并得到壮大。但是,技术科学本身大约又过了半个世纪才与实践结合在一起。当然,技术科学能成功应用于实践是通过对其研究对象领域进行了概念性的限定

① 16~18世纪,西欧重商主义盛行,与民族国家的兴起相伴随,产生了技术的变革、农业技术的进步和耕作方法的改进。

才换来的。它们专注于技术的结构和功能，并排除了其起源和用途关联。

在20世纪的发展进程中，人文与社会科学向被技术科学所忽视的技术、文化与社会关系网的领域拓展。当然，人文与社会科学对技术科学的研究进展得非常缓慢。由于当今的学科如"纯科学""理想主义对唯物主义"，以及核心主流主题领域如"资本与劳动"或"权力与统治"等仍持续具有影响力，因此，在最近几十年中（排除各式各样的历史先驱）才产生了与人文和经济相关的技术研究。

当今，技术一方面作为工具，另一方面又作为研究对象，在所有科学学科中均或多或少有其身影。实验科学的研究工作主要取决于其实验室的技术设施。对于自然科学，更新的理论性研究成果表明，实验室技术为研究者可以发现的东西设定了界线（弱的理解），或者在很大程度上决定了研究结果（强的理解）。但在人文与社会科学中，也有大量的问题在没有技术（如高效的计算机）的帮助下就无法得到回答，并且人文科学的传统主义者自身也在思考，在使用计算机写作时是否会影响写作的内容，如果会影响，又是如何影响的。

技术科学是唯一以技术作为核心主题的科学大类。另外，在其他学科中它也是研究对象的一部分，如在自然科学中涉及在技术中起作用的自然规律，在国民经济学中涉及技术创新对经济增长的贡献，在心理学中涉及日常技术对心理障碍的贡献，在文学研究中涉及作为文学主题的技术，在音乐学中涉及管弦乐编曲和音乐播放等。这些学科的共同之处在于它们均将其特有的问题抛给了技术。

此外，有一系列将技术作为研究对象的人文与社会科学子学科，例如技术史、技术哲学、技术社会学、技术法等。这些关联学科因其独立性和制度化程度在母学科中的地位价值以及它们的历史定位均有很大不同。

在对历史上形成的学科多样性进行归类时，一系列著名的模式和概念被提出来了。英国化学家查尔斯·P. 斯诺(Charles P. Snow)1959年在一次演讲中提出的"两种文化"的命题具有深远的影响。它以扩展且更精确的形式表明，技术-自然科学界以及人文与社会科学界的成员既不互相理解，也不互相尊重。查尔斯·珀西·斯诺进行的边界划分以合适的方式描述了大多数科学家的世界观和习惯，尽管跨界者的数量明显较多。无论如何，如果某些科学家将所主张的二分法作为"昨天的斯诺"(Snow Von Gestern)搁置一旁，这给人的感觉更像是森林里的哨声。

社会学家沃尔夫·勒佩尼斯(Wolf Lepenies)用"三种文化"的概念指出了社会科学与人文科学之间的差异，这也体现了查尔斯·珀西·斯诺论点的有效性。哲学家沃尔瑟·齐默里甚至提出了"四种文化"：人文科学、社会科学、自然科学和技术科学。沃尔瑟·齐默里提出的分类的特点在于，每个科学组的命名体现了其核心研究对象。这同样适用于自然和文化科学中科学体系的分类(尽管本质上更粗糙)。划分科学分类所把握的精细度和所采取的标准逐渐有所不同。认知科学与行为科学之间的区别与两个科学组的主要目标有关。

施纳贝尔及克莱姆对技术的阐述在当时也被某些人称为"文明史"。自20世纪60年代以来，技术史的制度化推进过程中出现了其他重点，具体表现在教授岗位的名称中，便是将技术史与社会、经济或自然科学史结合起来。将技术作为应用自然科学的想法是与科学史结合的基础。与此一致的是，所有相应的教授职位都被自然科学历史学家占据。在任命其他教授职位时出现的问题是，技术史学家是否应当具有用于专业分析的工程技术科学和/或历史的基础知识。毫无疑问,这也表明了第一代学院派技术历史学家的技术能力的不足。专业标准的形成,不仅在于方法学类型,还在于内容类型,这种情况使得这种讨论在后来变得无足轻重。现在处于中心地位的不再是基础知识,而是技术历史成果。然而,从近几十年的技术史著作的数量和质量来看,技术史很难单独从这个小的历史子学科中发展起来。如今,技术史已不再被一个有组织的科学团体所垄断。更确切地说,在不属于技术史子学科的历史学家、人种学家和社会学家的著作中都提出了技术史问题。

如果在后面的叙述中笔者赞同自然、技术、人文和社会科学这种"经典"分法,那么这背后是一种机会权衡。即使在今天,它仍然经常被提及。根据通常的解释,自然科学通过研究作为基础的规律性来解释未被改造的以及被人类改造的自然。技术科学探索现有和潜在技术的规律性。人文科学努力理解和阐释以文本为重点的精神创造结果。社会科学明确社会秩序系统中的相互作用和相互关系。

在四个大的学科组层面下,笔者的重点并不是对研究技术的学科和子学科进行全面和系统的探讨。更确切地说,笔者之所以会选择这些学科,是因为在这些学科中,技术,尤其是技术历史具有重要的地位价值,而且这些学科对技术研究和技术讨论做出了实质贡献。部分子学科遵循历史论方法,更多的子学科遵循原子论方法。由此得出,在整体论和原子论中涉及的是理想类型或规范性思想,既不能理解整体,也不能追溯到事物最终的基本组成部分。在技术研究中出现更多来自技术哲学、通用技术、技术史和技术社会学中的整体论方法。技术哲学提出了在技术中研究本质的要求,通用技术提出了具有普遍意义的技术科学的要求,技术史要从其相关方面来处理整个历史性技术,技术社会学以技术全面的社会特征为出发点。

以传统学科为导向的研究者不会改变方向来取悦原则性批判科学系统的学科,而是要求针对问题的方向。现在可能容易证明该要求完全与学科自身的固执己见一致。更重要的是,在后学科的科学中涉及的是(例如笔者认为是必要且富有成果的)乌托邦,但本书的目的首先是寻找科学的真实轨迹。另一方面,在后续探讨"技术史理论"时,笔者将努力克服学科的倾向。

2.2　什么是技术科学

"技术科学"(Technikwissenschafte)的起源至少可以在古美索不达米亚和古埃及的高度文明中找到一些蛛丝马迹。这个时期,人类一方面重建了理论力学的传统,另一方面重建了实践技术系统化的传统。17世纪以来,学校就已传授理论技术知识和实践技术技能。这些学校主要为国家提供军事、建筑和采矿工程师。19世纪早期出现了给工业和企业培训工程师的技术学校。其在成立之初拟定的核心目标是借助毕业生的人才资源实现加速赶超完成工业化,但是技术学校所达成的人才培养成果非常有限,并且有滞后时间(某些例外)。在高度工业化时期,即从19世纪80年代开始,工业企业才有较大的意愿雇佣高等技术学校的毕业生,这些学校如今在德国被称为技术大学。

　　直到1860年左右,尚年轻的技术科学的目的主要是努力使技术实践得到系统化的发展。技术科学尝试探究基于现有技术的规律性的认识,并由此使其应用于教学。自此之后直到1890年左右,技术科学的发展才以理论化趋势为特征。其目的在于通过数学公式化的物理定律和系统化的定律来描述技术。这一实践虽然取得了初步的成功,但其结果往往意义不大,因为它们把实际技术排除在外了。学者们对这一结果提出了批评,这也导致了技术科学的目的发生了根本性的改变。自19世纪末以来,技术大学扩建了实验室设施,技术科学也逐渐发展成了应用性经验科学。科学和数学知识保留了其重要性,但在技术科学建模时反馈了试验结果和实践经验。由此,技术科学实现了方法上的独立,并且更接近其为技术设计做贡献的目标。

　　19世纪,技术科学的实践者以设计师为主。他们能够编写著作并且传授设计机器所需的知识。在20世纪的技术发展进程中,出现了其他类型的知识储备以用于研究、开发、生产和市场营销。技术设计的目标系统向外展开并集合了如环境和社会兼容性的价值。新技术领域例如核技术、宇宙航行和生物技术等丰富了学科谱系。高效的计算机改变了研究和教学。计算机应用于统计评估费用高的计算、机器设计和仿真等领域。

　　在1800年左右兴盛起来的重商主义的技术完全给出了贯穿技术和社会问题领域的科学方法。19世纪,当技术科学越来越偏向于物理和数学这些主流学科时,它便将技术的社会关系从其任务范围中剔除了。有一段时间,这种情况也适用于经济关联,后来经济关联又被部分纳入技术科学中。技术的其他人文和社会元素最多只是入门而已。因此,技术科学过去和现在通过实物技术系统的结构和功能设计揭示了技术研究的核心领域,但是其他科学学科的技术形成和技术应用的基本问题仍保持现状。

相反,通用技术遵循的是综合技术和社会的纯理论要求。"技术"这一概念与重商主义经济学家约翰·贝克曼在1800年左右出版的著作有关。自20世纪70年代后期以来,由诸如霍斯特·沃尔夫格拉姆(Horst Wolffgramm)和君特·罗布尔(Günter Ropohl)这些作者所研究的"通用技术"可追溯到系统理论和系统技术的方法。被解释成社会现象的技术应当系统地阐明概念、分类、方法和理论。然而,到目前为止,技术科学家表示对该提议的兴趣不大。同样是基于纲领而推广的普通教育技术课程看起来并不太好。目前,这种课程仅在少数类型学校中存在,而通用技术此时还与其他教学方法相竞争。

在19世纪被工程科学家追捧的扩展的技术概念绝对给历史反思提供了空间。工程学教授忙于自己学科的历史并同文明史建立了各式各样的联系。随着时间推移,以物理和数学为导向对在技术科学内部的技术史的研究失去了基础。已过去的历史对于以未来为导向的研究和开发任务显得不那么具有意义。

在德国,技术史在工程师界的关注度并不高,在学术领域则更低。技术史并入工程师协会后,其他的地位却很特别,且其存在有益于技术和工程师的社会价值的提升。自20世纪60年代以来,历史学家接管并改革了技术史的研究,在大学建立技术史系并在教学和研究中逐步扩大了它的影响力。在技术科学内部几乎没有提出更多系统性技术史问题。但也有零星的博士论文,以及在历史材料中进行技术科学方法的试验,以及技术科学根据具体情况(多数是在周年纪念日之际)以年鉴等形式理清其传统。

在此期间,处于历史科学框架下的技术史在不少问题方面仍然依赖于技术科学知识。此时技术历史的双重学科属性使历史学家与工程师之间的合作是有益的,但是技术史学家常常依赖于自主性和扩展他们的技术知识来进行更广泛而深入的历史研究。

2.3　自然科学中的技术要素

"自然科学"这个概念暗含统一性,而统一性在多个方面都是相对的。因此,它与文明科学之间的界线与表面观察到的内涵相比更不清晰。当今,自然科学通常与由人类改造或改变的大自然相关。生物学要考虑的是人类成为进化的核心要素。化学几乎不再研究天然物质,而是研究合成物,即某些技术理论家所理解的技术。物理学研究技术对象和系统中的自然作用。比如,当今大气物理学本身与人类活动的结果有关。

同时,"自然科学"的概念代表了丰富的学科多样性,针对这种多样性,学者们对自然科学提出了不同的分类方法。以前,人们主要用"物理学"这个概念来表示作为典型的定律科学和解释科学的物理学以及那些将物理学作为榜样的学科。然而,在20世纪进程中,这种假定的物理学精确性在许多方面都被相对化了。"生命科学"的概念突出了有生命的和无生命的大自然之间的区别,并且一系列自然科学,例如生物学和地质学都具有其历史特征。

　　许多自然科学家以前(有一些自然科学家也许如今仍旧这么认为)将技术主要视为一门应用型的自然科学并将其作为他们专业的社会合法化的修辞符号。这种对技术的解释来源于狭隘的学科视角,忽视了科学认识通常不会直接应用于技术实践中的规律。自然科学需要精心完善并融合到广泛的技术、经济和社会关系中。有时候,从自然科学的发现到应用于技术中需要花费数年甚至数十年的时间。大量其他科学共同体的成员也参与了这个漫长的过程,当然包括非科学家,如工程师、企业家、管理者和政治家等。很显然,"应用"这个概念与此同时已获得相当不同的意义。从自然科学的视角来看,关键是自然科学的发现何时以何种方法能够在技术发展中重新被证明。从技术研究的角度来看涉及的是人们何时可以谈及技术创新的社会融合以及哪些参与者和情况将涉及其中。

　　强调自然科学的技术特征的科学研究人员持有相反的观察视角。他们指出,不管是早前的科学,还是现代的科学在没有实验室设施、测量仪器和数据处理设备情况下都很难行得通。这包括从简单的温度计到用于产生高能粒子的设备。结构主义或工具主义的立场可见实验技术对科学结果的影响。实验室技术至少决定了科学认识的可能范围,或者说(如更深入的解释)它决定了科学本身。有尖锐的观点认为,科学家研究的不是自然,而是他的实验室;物理学成了一门改良的技术科学。反对这种尖锐立场的论据有,实验室工作也经常产生一些其基础不在实验室技术中的意料之外的东西。

　　但是,在科学研究中进行的实验室研究目的不仅在于实验室工作的技术性质,而且还在于社会性质。研究得出的科学成果及其在科学界的展示来源于研究过程中参与者的互相影响。科学研究的文化主义方法拓宽了实验室研究所关注的语境并强调科学和科学家与文化和生活的联系。

"技术科学"这个概念表达了科学与技术之间极大的相似性,或超出该范畴强调了它们的共同成长以及日益增加的不可区分性。理由可参考科学的生产特性。然而,这一概念忽略了技术生产和科学生产基于的是不同的目标。自然科学中,主要涉及以在科学界内部进行剖析为目的的认识,技术中则涉及以经济利用为目的的设计。在科学家和技术员的不同习惯中表现了各自的优先性。不能排除他们各自的研究方法使科学与技术相对立,两者间本就模糊的过渡区域不断变大,例如很难对生物技术领域进行分类。

技术史从早期学院派制度化的科学史研究的基础之中受益颇丰。大约自1900年以来,这两个子学科进行了富有成效的机构间和实质性的合作。对技术史研究的推动者,首先是一些从事技术(应用自然科学)研究的科学家。在其中力求得到学术认可的技术历史学家借此机会纳入科学史的研究领域。这样一来,就防止了技术史的研究被逐步弱化而在科学史中显得多余。经过技术史学家的努力,20世纪60年代以来,随着技术史研究的学科在大学中的确定,技术史研究领域在制度化竞争中逐步稳定下来,并得到了长远的发展。

上面所提到的有关自然科学与技术间的相互关系,尤其是有关现代自然科学的技术特征以及有关现代技术的自然科学基础的基础问题依然存在。在技术史编史学中主要涉及自然科学对技术创新的贡献。自然科学史的部分观点大多对该部分进行了夸张的描写。相反的,技术史越来越多地倾向于文化史带来了一种危机即一开始就淡化了自然科学史的创新贡献。

自然科学对技术创新的贡献有时候被错误地与技术科学化等同起来。然而,技术科学化的方案必须考虑到整个科学系统,尤其是技术科学。对此,一方面不应忘记技术史编史学中的技术不仅仅指技术的形成,而且还指技术的应用。然而,技术的应用远比技术的形成更少被科学化。且另一方面,"科学化"这个模糊的概念需要仔细阐明,笔者建议在发明、开发和设计过程中去理解预先推定的理论的主导地位,而不是简单地在技术起源中或多或少重要的一部分科学。

2.4 技术与工程

技术和工程在现代语境中往往被混用,但二者也存在一定区别。这种内涵上的区别可能会影响到技术史研究的对象和范畴,因此在此一并探讨。

毋庸置疑的是,随着科技的发展,技术走向了集合的形式。技术是进行工程活动的前提,它深刻地影响工程的过程和成效,没有无技术的工程。另一方面,在工程活动中,除了技术之外,还包括政治、经济、管理、社会、伦理、心理等方面的要素和内容。所以,没有纯技术的工程。既然没有纯技术的工程,这也就使得人们不能把技术与工程混为一谈。

　　技术应用于工程,对工程有引导和限定作用,工程则对技术进行选择和综合。德国技术哲学家德绍尔认为,技术是一个"可能性世界"或"可能性王国"。因此,从哲学上看,如果说技术是一个可能性的条件和可能性的空间,那么工程就是现实过程和现实存在了。

　　两者之间的不同包括活动内容上的区别:技术活动是以发明为主的活动,而工程活动则是以建造为核心的活动。从成果来看,技术的成果包括技术发明、专利和技术知识,工程的成果则是设施和产品。从活动主体来看,技术的主体是发明家,工程的主体则是工程师和工人。从知识使用目的来看,知识可划分为科学知识、技术知识和工程知识三种形态。科学知识的目的与意图在于理解世界,描述世界的存在方式。技术知识的目的在于解决实践过程中"做什么"和"怎样做"的问题。工程知识的目的在于人工物在现实中的成功建造。其中,工程的特殊性在于,工程知识是一种特殊的知识,是应具体的工程实践而生,又能在工程实践中发挥作用的一类知识。它不能离开具体的工程实践情境而存在,因而具有非常鲜明的情境性。正如约瑟夫·C.皮特(Joseph C. Pit)指出:"工程知识是工程师在解决问题过程中形成的具有特殊类别的知识(而不具备普适性)。"

　　因此,学者李伯聪提出了"科学-技术-工程"的三元的逻辑推论,并提出技术史与工程史研究的不同倾向与研究方法,强调工程哲学作为一个相对独立的跨学科、多学科研究领域的重要意义。西方学者也有对工程和技术边界问题的考量,有学者认为需要把工程研究与技术研究区别开来,并发出"工程研究"的声音,但这一呼吁在西方科技史和科技哲学界并未得到太多响应,多半是淹没在科学技术史研究的"合"的旋律之中。

思考题

1. 如何看待科学与技术的相互关系？

2. 技术科学、应用科学与技术如何界定？

3. 如何看待科学和技术的交叉？

4. 思考科学共同体和工程共同体的异同。

拓展阅读

[1] Hård M，Jamison A. Hubris and hybrids：A cultural history of technology and science[M]. New York：Routledge，2005.

[2] Latour B. Science in action：How to follow scientists and engineers through society[M]. Cambridge：Harvard University Press，1987.

[3] 默顿. 十七世纪英格兰的科学、技术与社会[M]. 范岱年，吴忠，蒋效东，译. 北京：商务印书馆，2017.

[4] 米切姆. 工程与哲学：历史的、哲学的和批判的视角[M]. 王前，译. 北京：人民出版社，2013.

[5] 李伯聪. 工程哲学和工程研究之路[M]. 北京：科学出版社，2013.

[6] 拉普. 技术科学的思维结构[M]. 刘武，译. 长春：吉林人民出版社，1988.

3 人文与社会科学体系中的技术与技术史

3.1 技术史研究与社会科学

"社会科学"在此做广义的理解,包含了所有以较高的综合水平研究社会关系的学科,如同历史的情况一样,与人文科学的界限不易分清。在一个学科屋檐下常常出现更多偏向人文科学的方向或更多偏向社会科学的方向。在这种模棱两可的情况下,笔者依据常规的科学分类惯例进行分类。在社会科学学科中,只研究社会学和经济学,因为技术史在很大程度上可追溯到从哪里发展出来的理论。其他的社会科学领域例如法学在此不作论述。虽然原则上一切都可进行法律评估,并且法学分支领域,如专利法、环境法或数据保护法均直接或间接源于技术的发展,但是它是否能在技术法概念下进行概括,且技术是否真正构成新的法律问题或还是仅要求应用和调整遗留的法律原则,这些仍然存疑。

3.1.1 社会学中的技术审视

至少从工业革命起，技术的地位、价值都是十分耀眼的，这种光芒使得同时代的社会理论家都很难忽视它，如卡尔·马克思（Karl Marx）、埃米尔·杜尔凯姆（Émile Durkheim）和马克斯·韦伯（Max Weber）。于卡尔·马克思而言，技术是一种特别有活力的生产力，并由此成为社会转变的重要因素。埃米尔·杜尔凯姆将技术归入他的"社会事实"中。于马克斯·韦伯而言，在合理化语境中技术属于一种概念，借此概念他概括了现代性的基本趋势。因此，马克思、杜尔凯姆和韦伯都没有孤立地审视技术，而是结合大量的历史和社会理论来论述技术。

回到古典学家群体之中，逐渐形成的学院派社会学学者将人类集体关系确定成其核心对象，并试图借助例如"阶级""阶层"或"群体"等概念进行整理。这属于社会学前提，即社会问题可通过社会学来解释。如果将技术另外理解成社会建构，技术则可以适应这种模式。与此相对，技术特点的问题则变得无足轻重。一系列现代社会学家认为技术的特点在于其物质性，然而这给许多专业代表带来了困难。

20世纪下半叶，技术还出现在社会学大理论的语境中。20世纪50～60年代关于技术统治论的讨论皆属于此类。它与核心社会学主题范围"权力与统治"相关联，并将技术专家的权利或被释放的技术的自身活力标记成新时代的信号。社会科学的现代化理论与人类历史从传统向现代社会的过渡有关。现代性的认定受到了极大的变化，这并不奇怪。（在马

克斯·韦伯的传统中）技术大多归于"合理化"范畴。尤尔根·哈贝马斯
（Jürgen Habermas）在其20世纪70年代提出的伟大的社会二元诠释中为
"劳动与互动""目的合理的行动与沟通行动"以及"系统与生命价值"做出
了根本区分。对此他将技术置于待克服或遏制的劳动、目的合理性和制
度的领域。

在更偏向以经验为方向的一系列社会学中，工业社会学主要研究技
术。对于工业社会学家，用劳动和资本来连接古典学家的研究并不困难。
在德意志联邦共和国，工业社会学首先得益于工业社会的恢复和崛起，随
后也得益于其衰落。工业企业中的劳动关系构成了工业社会学的核心主
题。与企业经济学家相似，工业社会学家将技术作为内生变量一同纳入
他们的著作中。工业社会学的制度研究的重要贡献主要在于技术社会学
很晚才得以发展，技术与文化以及技术、日常生活和消费这些主题延迟一
段时间后才进入技术社会学的主题领域中。技术社会学与工业社会学之
间的划界导致这样的诠释更容易理解，即它较长时间以来忽略了技术的
经济维度。

迄今为止，技术社会学的一个核心问题是技术与社会的相互关系，或
更确切地说是技术的社会子系统与其他的社会子系统之间的相互关系。
在20世纪70年代，技术社会学先驱，如汉斯·林德（Hans Linde）仍将重点
放在社会的技术可编撰性。汉斯·林德明确了事物应如何建立社会关系，
正如，住房建立了房客与房东的关系。而在20世纪80年代进程中制度化
的"新技术社会学"涉及的是技术的社会可编撰性。就理论而言，它主要
受到科学社会学的启发，然而有一段时间却忽略了科学和技术目标之间
的根本差异。以经验为方向的技术社会学家研究的是工业和劳动社会危

机的技术维度以及各新技术的兴起。发展至今,计算机技术及与之相关的变化已成了技术社会学的主流技术。

技术史从技术社会学以及经济方面援引了大量理论性诠注。因此,所论述的技术社会学定理反映了学科二元论,例如行为理论与结构理论以及技术决定论与社会建构主义。当然,技术史学家通常只采纳社会学理论建议的基本结构且根本未参与到大量的比较中。经验可能是这方面的基础,即普通模式具有更大的灵活性,并且因此比专业模式更能正确地评价历史偶然性和不确定性。技术历史学家常常认为技术社会学家进行的历史案例研究是令人失望的。他们指责其材料基础不充分并对案例中相应的理论进行粗暴的调整。

如果要对技术的社会学研究的历史和现实的多样性进行总结的话,可以分成两个方向:主要方向将公认的重要技术整合到现有的社会学模型中,对此,作为有目的、有目标地处理的广义的技术概念占主流;次要方向将技术视为独一无二的社会现象,并且首先在其物质性中发现其特征。

3.1.2 政治学与技术统治论

与社会学不同,技术在政治学中构成了一个相当低级的研究领域。在政治科学的核心主体领域、政治体系和政治统治形式中,只有"技术统治论"主题才能占有重要位置,但该主题被社会学家占有了。技术同样也很难被纳入其他传统的政治学分支领域中,例如政治思想、政党、选举、官僚政治和联合会。

对此,不同于社会学家把兴趣集中在社会研究上,政治学家首先把兴趣集中在国家上。对此,他们提出了不仅具有经验性而且具有标准性的基本问题:国家究竟是否可以作为技术政策的参与者以及人们是否愿意这样接纳它? 经验性的问题是技术究竟能否被政治控制? 该问题得出了完全不同的答案。否定者可以假定技术的(相对)自主权,或者他们可以参考大量参与技术开发的个人和集体的认知。

针对技术控制的可期望性这一标准问题也从历史角度和政治经济角度给出了截然不同的答案。实际存在的社会主义和新自由主义可算作历史答案的两个极端。对于社会主义,不仅从意识形态而且从实用经济角度来讲,技术发展是国家的核心任务。相反,自由社会在技术设计方面很大程度上相信市场的力量。他们将可能变得必要的技术政策任务委派给"私人政府",如协会、联合会或技术科学协会。最近几十年来推荐的技术设计参与模式同样也暗含着国家技术政策的保留。

政治学首先将技术视为工具。如同军事力量、经济增长、环境保护等,技术被视为实现(上级)政治目标的手段。在历史上,国家实际上在相当不同的范围内以相当不同的方式作为技术设计的参与者出现。从最早的国家组织形式开始,就对军事技术有主要影响。一直到现代,军事装备的更新都占据国家预算的一大部分。从近代早期开始,伴随着现代领土国家的崛起,为了备战的需要,出现了国家负责交通基础设施生产的情况。在18世纪从重商主义理论中派生出了国家的其他技术促进任务,这些任务事关国民经济利益。自由主义学说则相反,认为应该减少国家技术政策活动。当然早在19世纪在基础设施和社会生活方面就出现了曼彻斯特资本主义固有的局限性。因此,在德国经过短暂的观望后,国家再次参与铁路和其他交通系统的建设。并且国家在很大程度上主导了供水和废水排除、煤气和电力供应以及短途交通的建设权。

在联邦德国联邦、州和地区共享国家技术政策制定职权。多个部门同样也履行技术政策任务。1955年成立了原子能问题部,自1962年起以其新名称从事研究,技术政策已被越来越多地诠释成研究政策,作为对政府行为的分析,技术政策也是政治科学的小分支领域的研究对象。

在战后最初的几十年中,联邦德国的政策是试图通过对被认为是核心研究领域的投资来控制技术的发展。对此,核能、计算机和微电子学以及航空航天排在国家技术发展政策的首位。国家技术政策的重要手段是建立大型研究机构和联邦机构、职权范围研究和更广泛分布的研究计划。但是,政治科学的技术史研究至少给直接的项目促进提供了毁灭性的证据。它指出,最初受到联邦德国青睐的反应堆生产线、重水反应堆、高温反应堆和快速增殖反应堆的失败,最终,德国核技术采用了美国轻水反应堆。并且技术研究还表明德国的研究政策未达到创建高效的国家数据处理工业的公示目标。在这些技术政策失败的历史中,空客的研发偶尔作为正面的例外被提及。空客无疑可以被认为是欧洲的工业政策的成果,有争议的是为此大量投入的国家政策所产生的效率。

3.1.3 经济学中的技术要素考量

在经济科学中可以区分为偏向于形式和偏向于历史的两种研究方法。直到第一次世界大战时期,古典主义和新古典主义代表了偏向形式的研究方法,而国民经济学历史学派则代表了偏向历史的研究方法。这些差异可以关键词形式用相对立的概念组进行概括:历史学派多以社会和历史科学为依据,古典学派更多地以自然科学和数学为依据。历史学派在经济事件的历史性中分析经济事件,古典学派则相反,倾向于寻找时间恒定的法律和规定。从研究方法上看,历史学派更多进行经验性和定性研究,古典学派和新古典学派则更多地进行理论性和定量研究。历史学派多以国家为导向,而古典主义和新古典主义多以市场为导向。对于我们的语境有核心意义的是历史学派,其多将技术作为内在因素处理,而新古典主义则更多地作为外在因素。

这种木刻式的对比描述了两个学派的对立性,并为更准确地看清技术当时的地位价值做准备。历史学派构成了决定19世纪的历史主义的经济表现,历史主义使历史成为基本的科学主题和解释原则。国民经济历史学派将经济看作一个历史过程,并试图将该过程描述成经济发展阶段的顺序。因此,以历史为导向的国民经济学家必须深入研究历史和经济事件的多样性,在面对问题时于经济发展因素中做出选择和权衡,将其融入他们的解释性描述中。对此,各作者得到的是完全不同的显性或隐性模型。技术在这些模型中很难被忽视,但具有完全不同的地位价值。

为了揭示这一点,以历史学派代表维尔纳·桑巴特(Werner Sombart)为例:桑巴特遵循的是理想主义的历史观,他认为各自的"经济思想"构成了经济发展的决定性推动力,正如在前资本主义时期追求符合身份的生计和在资本主义时期追求赚钱的欲望。在这最高的解释层面下,桑巴特详细地探讨了技术不仅作为经济和社会的决定体,而且还作为限定体,但它不管怎样都被赋予了一种次级的重要性。桑巴特将技术发展划分成前工业化的经验有机技术和工业科学无机技术这两个伟大时期。

古典国民经济学派的思想主体发端于亚当·斯密（Adam Smith）《国富论》，并历经托马斯·罗伯特·马尔萨斯（Thomas Robert Malthus）和大卫·李嘉图（David Ricardo）时代，一直延续至约翰·斯图亚特·穆勒的《政治经济学原理》。经济增长和由此形成的国民财富构成了古典经济学家的探讨核心主题。亚当·斯密早已由此阐明了经济增长和国民财富，即经济主体、经济人在与他人自由竞争情况下追求的是其个人利益。在后期，新古典经济学家致力于研究边际效用理论的前提条件。

古典国民经济学家将资本、劳动和土地视为决定性的生产要素纳入他们的模式中。出乎意料的是（尤其是在后期的研究中），技术和工业化在他们的研究中只占了微不足道的地位。作为有活力的经济力量，它们不是被古典作家完全忽略，就是被错误地评估。一个明显的例子是，古典学家的探讨仅涉及发现生物原料和能源载体其中的经济发展限制，而不涉及任何矿物原料。

从19世纪后期以来，古典主义的基本假设通过新古典主义代表发展成了数学计量经济学模型。这其中，资本和劳动这些生产要素处于核心地位，而经典生产要素土地则退居其次。后来的经济学家又以改良的形式将土地作为自然资源或自然和环境进行研究。此外，该模型还包含一个未准确分析的其他因素，其最重要的组成部分是技术。那么，问题在于，技术进步（与其他因素一样）不能直接被衡量并且因此不能以差异化的方式整合到定量的模型中。这令人并不满意，计算证明了剩余因素对经济增长巨大的地位和价值。由此形成的方案是，要么在劳动因素中，要么在资本因素中，对技术变化进行概括，但并无说服力。

　　世纪之交,在工程师界中已制度化的技术史采纳了来自国民经济历史学派的建议。然而,古典学派和新古典学派(自此成为国民经济主流)相反却只给技术史提供了很少东西。在第二次世界大战后,伴随着再一次的经济学历史模型的发展这种情况发生了变化。这里必须提及约瑟夫·熊彼特(Joseph Schumpeters)有关创新和经济繁荣周期的著作。虽然这些著作可以追溯到第一次世界大战之前,但是其思想直到20世纪50～60年代才被广泛接受。约瑟夫·熊彼特将企业的微观层面与国民经济的宏观层面相联系并由此给基本的历史学问题提供了答案。技术史从经济创新理论中吸收了(技术)创新作为核心主题。由此,它拓宽了发明史上的古老方法,并获得与普遍的社会科学趋势的联系。技术历史学家对约瑟夫·熊彼特繁荣周期的定量推导和可信度不感兴趣。然而,繁荣周期本来就符合社会经济的变革时期,该变革时期至今仍在普通关键词中得以探讨,例如工业革命,或具体例如电气化和化学化。

　　总体而言,在20世纪60～70年代时发生的技术史的学术制度化是与社会和经济史密切相关的。由这点就可得出,为何一些新的教授职位结合了技术、经济或社会史,首批聘任者本来就来源于社会和经济史领域。工业技术成了新技术史的主要研究对象。因此,其与企业史和与以国民经济为导向的经济史的密切关系从一开始就出现了。此外,技术史学家还接受了企业管理学、劳动学和工业社会学的问题和研究方法。

　　在战争期间,来自工程师界的技术史学家成为一些大公司历史的写作者。与后来由经济史学家执行的企业史编史学不同,他们以企业的生产技术设施和由他们生产的产品为研究核心。战后,企业史学家在本质更高的系统水平上继续提出涉及面更广的问题。特别是美国作家如艾尔弗雷德·D. 钱德勒(Alfred D. Chandler)、大卫·A. 霍恩谢尔(David A. Hounshell)和菲利普·斯克兰顿(Philip Scranton)发起的有关批量生产的兴起和极限的讨论给技术史撰写提供了有益的建议。

其他的理论建议来自1980年左右的演化经济学代表,如肯尼思·E. 博尔丁(Kenneth E. Boulding)、理查德·R. 纳尔逊(Richard R. Nelson)、西德尼·G. 温特和乔瓦尼·多西(Giovanni Dosi)。与古典和新古典经济学的时间恒定的模型相比,他们的研究都借鉴了历史对于经济事件的重要性。他们将企业家的行为视为学习过程,并且对此用"路径依赖"概念强调了惯例和传统的重要性。他们的研究核心是技术,原则上这也适用于同样来自经济学的(国家)创新系统计划。但是,在一家企业、一个地区或一个国家中存在的技术知识和技能应置于本质上扩展的语境中。

从20世纪80年代起,技术历史学家减少了对经济学和经济史的参考。这与对社会科学技术理论的勉强被接受及其转向技术应用和技术消费这些新主题领域有关。对此,20世纪90年代以来,技术历史学家还参考了文化科学和文化历史的方法。这重新开启了与经济史的合作机会,经济史中也推荐了文化史和消费史的方法。

3.2　技术史研究与人文科学

"人文科学"这个概念包含了一系列问题,这也导致了它常常被用于划定人文与自然科学的界线。这种划界可以针对两门科学的研究对象、方法或相互关系。因此，大自然通常被称为自然科学的对象，而人文或其作品则被称为人文科学的对象。这对于文学或语言学这样的人文科学并未造成困难。这种理解对后面概述中处于研究中心的哲学、历史、人种学和民俗学带来了难以诠释的问题。对它们而言，"人文"作为科学对象包含着强烈的理想主义预设。

基于该方法的划界，人们给自然科学分配了解释的任务，给人文科学分配了描述或理解任务。这种归纳法的问题在于所述方法学处理方式对彼此来说是交叉或互为前提的。也有学者建议，将补偿或定向功能归于人文科学，把自然界的支配地位归于技术。因此，此类认定和归因给"人文科学"这个概念带来巨大的负担。这可能是它日渐被"文明学"取代的原因。在本书的描述中，"人文科学"仅作为常规惯例，而不管其中所包含的语义学含义，以及对于其他论述产生的衍生意义。

3.2.1　技术哲学与技术史

也许没有任何一个人文学科像哲学这样给予技术如此重要的地位价值。在任何时期技术都是哲学研究的重要对象。古希腊时期，"technè"这个希腊词便具有更广泛、更全面的含义。自19世纪下半叶高度工业化以来，哲学方面的技术讨论日益加强。从那时起，技术已晋升成有关人类的哲学研究的核心对象之一。

第二次世界大战后，特别是从20世纪70年代起，技术哲学经历了较大程度的制度化。在德国,德国工程师协会①早前已发展成为技术哲学讨论的中心。许多大学都设立了技术哲学教授职位。多届世界哲学代表大会以及其他代表大会都讨论了技术哲学问题。人们出版了技术哲学系列丛书,创办了相关杂志,例如美国的《哲学与技术研究》。总体上,技术哲学的制度化程度与技术史相似。但是,技术哲学归入哲学中的合理程度应该超过技术史归入历史学中的合理程度。其原因可归于技术在两个母学科中的地位价值不同。从事技术研究的伟大哲学家有很多,从亚里士多德开始,经卡尔·马克思、阿尔诺德·盖伦(Arnold Gehlen)、马丁·海德格尔(Martin Heidegger)以及许多其他哲学家,直到尤尔根·哈贝马斯等。这表明了技术在哲学中有相当重要的意义。

哲学对世界、生命和人的诠释如果不参照技术会变得困难。因此,一些哲学家在技术中看见了人类生存和人类行为的全部,一些哲学家则将技术看作世界发展的关键手段,还有一些哲学家又将技术视为人类的命运。哲学、本体论、人类学、伦理学和认识论的经典系统性分支领域均涉及对技术的反思。这同样适用于其他哲学分支领域,如历史、社会和文化哲学或美学。

本体论提出了存在的问题,即在我们的语境中是人类或技术的存在问题。本体论对技术的诠释在强调技术的手段或工具特性与主张技术的相对自主性这两极之间摆动。此外,还存在一些有益的本质的讨论,认为技术通常对人类的存在或发展有单方面积极或消极的作用。

---

① 德国工程师协会(Verein Deutscher Ingenieure,简称VDI),成立于1865年,是具有公益性的、独立的工程师和科学家组织,独立于经济界和政治党派,也是欧洲最大的工程协会。

人类学提出了人类本质的问题。一个在我们的语境中特别重要的答案是将人类认定成技术员,即"从事制造的人"。这种认定超出了手工创造的原始性,并包含了技术和科学行为(如果使用广义的技术概念)以及人类其他精神的外部化。人类借助其技术(消息)塑造了世界(通过大量的反馈)及其本身。从人类的本性出发,技术可以用例如"器官的投射"(希斯贝特·卡普)或"器官强化"和"器官替代"(阿尔诺德·盖伦)这些概念进行解释。

伦理学提出了合乎礼俗道德的问题。涉及我们的主题是我们需要哪些技术以及我们如何对待技术。由于人类日益增长的技术处理能力和被认为越来越重大的技术成果,这个早就存在的问题获得了越来越多的意义。技术结果评估或技术评价代表了技术伦理问题可操作化的尝试。在技术方面会产生责任归属的专门问题。技术在社会过程中产生,在该过程中大量个体和集体参与者(在极端情况下甚至我们所有人)都参与其中。但是,古典哲学对责任的提案涉及的是个体。因此,技术伦理问题必须考虑的是能否且以何种方式将传统的个体责任转移到机构和集体上。

认识论研究的是知识的可能性。对此,技术或技术科学知识具有许多特点。例如,作为设计知识,它是指向未来的,在一定程度上描述了技术功能的可能空间。此外,技术和技术科学知识的组成部分的来源差异很大——包括自然科学和其他学科、技术科学实验、技术实践等之间都存在差异。在技术科学中这些知识要素以模型的形式聚集。

技术史和技术哲学之间的关系并非是不成问题的。在哲学中大多涉及的是基本的和普遍的问题,而在历史中经常涉及具体的和个性化的问题。哲学家倾向于时间恒定的探讨,历史学家大多时候则以影响范围中的时空特定的理论进行研究。如果这些学科方向被接受，那么技术史和技术哲学才能相互促进。

3.2.2　人种学和民俗学

人种学和民俗学在它们与技术的关系发展方面有着较大的共同点。人种学或民俗学起源于欧洲人与其他民族的相遇。欧洲人对世界的探索和殖民迫使科学家要面对大量的异域文明。对此，"未开化的"，即无文字的文明对研究者产生了极大的吸引力。文字的缺失对研究而言是一种特殊的挑战。人种学家通过开发特殊的方法来弥补缺失的文字证据。特别是参与式观察获得了示范意义，人种学家竭尽所能深入地投入待研究部落的生活中，并记录在此过程中所获得的现象和经验。其他信息则通过询问获得。人种学家认为参与式观察具有消除研究主体和研究客体之间差异的潜质。在一定程度上，人种学家采用了土著人的视角。这种从方法论上难以解决的要求在后期克利福德·格尔茨（Clifford Geertz）的"深厚描述"中得到了延续。

在19世纪的发展进程中，人种学经历了博物馆化和学术化。博物馆中人种学收藏品的展示赋予了技术对象日益增加的重要性。博物馆面临的任务是将收藏品系统化并在必要时将它们归类到某一人类发展阶段或文化发展阶段的主流学说当中。相反，以人文科学为导向的学院派人种学以有保留的轻视态度来看待博物馆及其技术收藏品。由此，人种学核心的文明概念走向狭隘化。在人种学中，"文明"在根本上被理解为精神文明、物质文明和社会文明的整体。随着时间的推移,人文方面越来越多地受到重视,而社会和物质方面则趋向于仅剩其象征意义。

20世纪下半叶,人种学的研究经历了一系列本质的转型。由于其研究对象的去殖民化和现代化使其丧失了"未开化的"部落作为研究对象。人种学通过将现代化本身与文明的相遇以及自身的文明发展形成了新的研究对象,在这种关系下形成了物质文明的复兴。因此,技术人种学致力于深入研究技术事物及其社会文明关系,并另外指出了"身体技术"的重要性。

正如人种学家在异国他乡寻找"未开化的"部落,民俗学也在日常生活中寻找"原始的"线索,并在农民身上和古老的手工业中找到了技术人种学的证据(至少以遗物形式)。这种现代性,包括技术从一开始就被这种容易受到文明批评的方法排除在外。农业和手工业生产工具也属于"原始的"技术。它们构成了较少受重视的物质文明研究和古器物研究的对象。民俗学的核心以语言科学为方向,包括方言、神话和童话在内都是它的关注对象。

以"原始"为导向必定导致现代民俗学的研究范围不断缩水,民俗学曾经走的是一条纯历史科学的道路。在这种背景下,大约从20世纪60年代开始,有声音批评民俗学的静态方法及其对现代化进程的抑制。由此形成的新的民俗学明确将现代日常文化及其变化确定为主题。在逐步演化的过程中,最终定位掌握与技术事物打交道的方法。当时的先锋研究探讨的是工业和农业中的机械化过程,而当下的研究则例如调查青少年使用互联网的范围。如果技术最初在语言和文化科学方法的传统中被诠释成"思想、价值和表象体系的客体化",那么行为维度和技术实践在日后也会更多地进入民俗学的视野。

现今,与现代技术打交道是当今一系列科学学科的主题,例如以当代史为方向的技术史、现代人种学和民俗学(部分例如以欧洲人种学为名称),还有部分人文科学和媒体科学。在此之中,人种学和技术史之间存在着富有成果的合作方法。它们有着部分相同的研究对象,但按照研究的侧重点和解决问题的不同研究者们也使用了不同学科的研究方法。技术人种学家更多以参与式观察和询问的方式(即田野调查的方式)进行工作,而技术历史学家更多分析书面的原始资料,并且有时还分析技术对象本身。

3.2.3　历史研究中的技术史

(所谓普遍的)历史科学与技术之间发展出了一种多变的但从未紧密联系的关系。在一系列的启蒙历史学家当中,技术受到了积极的评价和较为广泛的探讨。这背后是启蒙运动的进步思想及启蒙运动对人类理性和创造力的信仰。自17世纪以来,理智、理性和进步便与科学和技术紧密相连。但是直到20世纪,由此建立的进步思想体系才开始受到重视。在启蒙运动中,进步思想、科学信仰以及实用主义达成共识,人们可以以史为鉴。在这种背景下,德国哥廷根历史学家奥古斯特·路德维希·冯·施罗泽(August Ludwig von Schlözer)与技术学创立者约翰·贝克曼(John Beckermann)成了朋友,他认为技术的历史比政治历史的传统主题具有更高的地位价值。奥古斯特·路德维希·冯·施罗泽的赞扬适合于那些认为

"火与玻璃的发明"比"斯巴达人与美塞尼亚人的战争,以及罗马人与沃尔斯奇人的战争"更重要的历史学家。

相反,在19世纪时历史编纂学在很大程度上将技术剔除了。这一现象主要是由于新人道主义与国家历史编纂学共同起了作用。新人道主义将人文推崇为核心,并将被阐释成唯物主义代表的技术视为对永恒文明价值的最高威胁。国家历史编纂学集中于国家历史编纂学聚焦于事件历史所呈现的"主要行为和国家行为"、统治者、战争、战役、联盟、盟约等。

只有少数另辟蹊径者突破了新人道主义与民族历史的统一战线,卡尔·兰普雷希特(Karl Lamprecht)作为文明史编史学的最重要代表属于此类。文明史编纂学被看作主流政治历史编纂学的反对运动。卡尔·兰普雷希特在15卷本的《德意志史(1891~1909)》中呈现了他的历史观点。他采纳了来自社会心理学领域的思想,将历史构建成以社会心理为表征的文明阶段的结果。他所用的核心概念"民族灵魂"指的是一种民族集体意识,如今可称为"精神"(Mentalitäten)。

卡尔·兰普雷希特主要著作中的补遗本《论近代德国的过去》(《Zur Jüngsten Deutschen Vergangenheit》)致力于研究经济、自然科学和技术三者之间的关系。他从日益增加的劳动分工尤其是对生产("需求")和消费("享受")的分析中得出了其中所呈现的社会心理的经济阶段。从事技术史的工程师可能很少有意识地开始做社会基本结构的研究,但是他们也对此表示很高的兴趣,认为著名的历史学家在其著作中给技术留了很大的(且如他们所认为是合适的)空间。卡尔·兰普雷希特在1913年还因此受邀参加德国工程师协会大会,并在会上作了主题报告。

整整一代人之后,才出现另一位历史学家弗朗茨·施纳贝尔(Franz

Schnabel)，并对技术进行类似程度的论述。弗朗茨·施纳贝尔在其四卷本的《19世纪的德意志史》中将第三卷划给了"经验科学与技术"这个主题领域。弗朗茨·施纳贝尔将一个包罗万象、包括所有人类生产的文明概念作为其著作的基础，同时也确立了人文历史本身的（当今可称为"部分历史话语的"）重点。因此，虽然技术历史部分探讨的是蒸汽机和铁路这些技术创新，但是，构造并促进工业和技术的小组与强调并担心技术工业发展的负面结果的那些人之间的辩论构成了一道红线。施纳贝尔赞同怀疑论者和悲观主义者，但是，这并不妨碍他断言技术的卓越的历史意义。在德国早期的工业化中，资产阶级的自由主义和技术工业的发展互为前提，这使施纳贝尔想到了著名的公式"宪法和机器"。长期以来，技术已成为"西方文明民主化道路上的最重要的开路先锋"。

在疲于研究国家和民族这些核心主题的历史编史学中，卡尔·兰普雷希特和弗朗茨·施纳贝尔属于例外。第二次世界大战之后，德国历史学的重要部分才对技术展现出更多的包容。例如特奥多尔·席德（Theodor Schieder）和维尔纳·康泽（Werner Conze），他们的研究主要代表强调技术对于历史变革过程的地位价值。因此，维尔纳·康泽将"技术的文明过程"称为他那个时代的决定性的世界史力量。在历史学家日，技术史研究组也作为一支力量第一次出现在历史学研究的分组之中。更值得一提的是自20世纪60年代以来，技术学院和大学在历史学内部设立了技术史教授职位。

战间期的工程师成为技术史研究的主体，并以同时代的科学史为榜样，他们将发明事件和技术"伟人"作为研究的中心。在战后时期，技术史的发展得益于结构史学的兴起。结构史学则与事件历史不同，并将历史性集体,如阶级和阶层作为历史的核心。结构史学所实施的主张对年鉴学派带来了启发,即在技术中涉及的是一种如此重要的结构范围。其中,费尔南·布罗代尔(Fernand Braudel)多次指出了"物质文明"的重要性,马克·布洛赫(Marc Bloch)致力于独立研究"水磨的出现和成功"。事实上,技术历史学家在结构史学中看到了一种足够开放并灵活的建议,这种建议使得他们能够厘清技术的结构范围对历史变革进程的影响。

在德国,结构史学主要以"社会历史"和"历史社会科学"的形式延续并具体化。它们提出要求,要比其他方法更好地理解历史整体及其决定性因素和相互关系。社会历史以古典社会学家例如卡尔·马克思和马克斯·韦伯为起点将历史主要诠释成对阶级的分析和互动。在该思想指导下,历史社会科学展现了一幅更多问题的全景图,如社会不平等、工业化、繁荣与危机、人口发展、教育史、家庭史等。20世纪70年代,莱茵哈特·吕鲁普(Reinhard Rürup)要求技术史"成为历史社会科学的一部分"。从内容方面来看,技术史学家对所探讨的主题领域绝对是开明的,但是他们觉得自己的工作未得到适当的尊重且并不想被机构收编。

在这期间,汉斯-乌尔里希·韦勒(Hans-Ulrich Wehlers)里程碑式的著作《德意志社会史(1987~2008)》对社会科学史进行了典范式的概述。参照马克斯·韦伯的观点,汉斯-乌尔里希·韦勒将经济、统治和文明称为他所阐述的三大支柱。对此,他将技术归入经济领域。这适用于"阶级"这个核心概念,汉斯-乌尔里希·韦勒认为它适合用于构建了两个多世纪的德国历史,并且这符合政治经济结构的主导地位,自此古老的政治历史的主题领域(尽管用结构历史方式)多次被研究并延续。在他阐述的第三支柱"文明"中,汉斯-乌尔里希·韦勒主要研究了教堂、教育、交流和协会。

自20世纪70年代以来，在历史科学中出现了反对结构史学和社会史的新思潮。属于此类的有"微观史"，它设法为个人和局部的经验寻找表达方式和影响力，否则这些经验会淹没在时代浩大的无名的结构活力中。属于此类的包括日常史，它不想让人们的生活世界从一开始就卷入重大的政治或社会活动中，属于此类的还有消费史，它严肃对待人类自己的需求、愿望和消费行为。这些研究纲领的形成和兴起使得社会历史研究的碎片化和教条式的僵化。当然，经验、日常和消费也完全被置入社会、经济或技术历史问题当中被研究。总而言之，是否能够陈述子学科的观点和主题领域的基本优势或劣势值得怀疑。具体的历史著作最多能够置身于历史中普遍和个体之间的连续性上，这其中两者是彼此互相依赖的。这意味着纯粹从宏观角度描述的结构史学，而且从微观历史的角度也揭示了存在概念上的不足。

自20世纪80年代以来，"新文明史"自我标榜成结构史学和社会史的大型反对运动与日俱增。一方面它通过定设界线进行消极的自我限定，另一方面它通过认同作家如米歇尔·福柯（Michel Foucault）或皮埃尔·布迪厄（Pierre Bourdieu）的传统，最后通过列举文明历史的主题领域如符号、概念和话语、心态、日常、妇女以及性别等进行了自我限定。显而易见，这种异类的列举虽然点明了传统历史学的不足，但仍未建立新的科学的提案。

对此，在科学中"文化"这个概念出现了不同的用法。如是，在所有多样化中均可断定两种文明概念的主导地位。一方面，如在人类学和人种学中，"文化"是指在时间和空间中人类生产的总和；另一方面，如在文明科学以及主要在历史科学中"文化"指的是象征意义及其价值背景。从首要意义上来讲,"文化"作为广义的普遍概念以其高灵活性,同时又缺少特征得以脱颖而出。它至少可以被用来组织文明史的比较。作为具有象征、意义和价值的文明包含强烈且有问题的理想主义预判,这些预判从一开始就排除了唯物主义的历史诠释。

　　与文明科学不同,直到现在"新文明史"都很少对技术进行论述。这可能与技术从一开始就受到唯物主义质疑有关。相反,"文明"在工程师的早期的技术史编史学中却扮演着重要的角色。作为职业群体的社会影响力的一部分,工程师们借用"文明"这个概念将注意力引向技术创造的人文和艺术元素。这可能与这种很少主动邀请鉴定的传统有关,即新技术史至今几乎未系统地研究过新文明史的建议。在确定研究领域时,少数例外同样也采用了列举的方法。因此,米卡尔·哈尔德(Mikael Hard)谈论的是几个人之间的关系和文化差异、感觉、经验和感受以及意义、符号和话语。此外,还涉及修辞学、想法、价值和标准。另一方面,他更系统地谈论的是含义、语法和语言的话语层面,活动、机构、规则和法律的组织层面以及行为和身份、惯例、程序和习俗的实践层面。

　　技术史(少数例子揭示了这点)已在历史科学中引起广泛的讨论。相反,倒不如说很少有这种情况。无论如何,现在仍还未结束的将技术史整合到历史科学中的过程的总结完全是自相矛盾的。技术史这个历史子学科(就其自我认知)在历史科学中仍处于边缘位置,尤其是在制度方面仍具有很高程度的自我指涉性(Selbstbezüglichkeit)。其科学成果至今只是被历史这个专业领域部分接受。对此,市场上对历史科学课程的介绍是一个与众不同的例子。这方面只有少数人提及技术史,这可能仍可忍受。然而可怕的是,这其中通常只有完全过时的讨论和研究水平。

　　显然,历史科学对技术的接受是一个持续多代的过程。如果技术史学家本身得以在历史辞典、系列著作及手册中展现,那么接受过程会变得容易。为此,古代史权威百科全书——《新宝利》(《Neue Pauly》)、《中世纪百科全书》(《Lexikon des Mittelalters》)、《现代百科全书》(《Enzyklopädie der Neuzeit》)、《技术史》(《Propyläen Technikgeschichte》)、《德意志史百科全书》(《Enzyklopädie Deutscher Geschichte》)、《基础文本历史》(《Basistexten Geschichte》)中的技术史卷都属于起源和范例。

3.2.4　技术社会史

　　技术的概念告诉我们,技术还存在着文化属性,本质上也是一种文化现象,一种文化活动。人类正是借助于技术驾驭自然和改造自然,从而适应自然、协调自然,并创造一种人与自然共生的理念。在此过程中,一方面,人们通过技术的发明和创造认识和理解自然界。另一方面,技术也帮助人类认识了自身的能力和价值及意义,重塑了人类的世界观。因此,在人类历史中,技术影响着人类的文明和文化,技术的社会文化要素是整个文化史中无法越过的问题。正如萨顿所说,科学技术是文明史的主线。

　　举例来说,教育就是技术作为一种文化显现的外在表现形式。教育在人类发展的历史中为人类智慧和能力的提高起到了至关重要的作用,而其中技能的培养、知识的传授占据了关键的位置。

　　技术、文化与社会的讨论逐步被技术史学者们重视。20世纪80年代,技术史研究处于范式的冲突与转换过程之中。其中,技术决定论范式已然逐渐褪去锋芒,但技术与社会的二元对立仍有一些拥护者,而社会建构论编史进路已经出现,它试图消解技术的自然实在性,消解技术与社会的二元对立。这种趋势到了21世纪初,技术史研究已然进入"新社会文化史"这一基本理论的主张之中,并且逐渐成为热点和主流。特别是在方法论的层面,研究社会历史理论的基础从结构社会学转向文化人类学,在微观史的研究中,把技术事件看作与其他社会活动同等重要的历史活动。在此理论框架下,技术活动是一种社会活动,因而技术事件或者整个技术史是社会行动者对技术包括制造物、知识、文化的建构过程,以及通过技术对社会的建构过程。

思考题

1. 思考技术哲学与技术史之间的关系问题。

2. 除了书中提到的,你觉得技术史研究还与哪些人文社会科学体系中的研究方向相关,请举例说明。

3. 探讨技术史中"内史"和"外史"与学科交叉之间的关系。

4. 阅读一本有关技术史在其他人文与社会科学研究领域的研究的相关图书。

拓展阅读

[1]　Braudel F. Capitalism and material life：1400～1800[M]. London：Weidenfeld and Nicolson，1973.

[2] Grimmer-Solem E. The rise of historical economics and social reform in Germany：1864~1894[M]. Oxford：Clarendon Press，2003.

[3] Chandler Jr A D. The visible hand：The managerial revolution in American business[M]. Cambridge：Belknap Press，1980.

[4] 中国科学技术史学会技术史委员会. 技术史研究[M]. 北京：冶金工业出版社，1987.

[5] 姜振寰. 技术社会史引论[M]. 沈阳：辽宁人民出版社，1997.

4　技术史研究的对象与范畴

自过去的一两个世纪以来,技术史逐渐发展为一门科学学科。1800年,"技术"被纳入国民经济学以及早期的工程技术学,以此为开端。1900年,一位工程师兼历史学家也为此做出了贡献,他致力于推进技术史的机构化——通过出版发行技术史专题著作、参考书、杂志,以及成立博物馆、科学学会等。直至20世纪60年代,德国大学才出现技术史教授职位。大学技术史的讲师是从历史学中甄选出来,因为他们认为技术史这门学科是历史学的一个分支。如今的大学课堂上,除了技术实体和技术系统本身,讲师们还会讲述它们如何产生、如何使用,以及二者之间有何关联。

作为历史学的一个年轻的分支学科,技术史教学的首要任务是阐明研究对象范围,找寻它与当代史学课题之间的关联。与此同时,哪怕是入门级别的技术史教学也离不开理论探讨。值得一提的是,20世纪中期的历史学不是很重视理论探讨。常见的理论探讨出现在事件史和结构史之间,政治史和社会史之间,以及历史社会学和日常文化史之间。

大多数历史学家在面对理论问题时都保持着小心谨慎的态度,因为他们的自我意识占了主导。一般来说,历史学致力于研究唯一性的、独特性的、特殊性的事物,然而它的理论却和重复性、普遍性、总体性相关。在科学领域流行的理论概念中,以国民经济学、自然科学、系统化和数学化的社会学几个领域的典型案例为向导。这种理论概念首先需要援引一些法律声明以及可能与法律声明相关的权利。然而,历史学家们指出,需充分考虑历史事件的偶然性,即历史的随意性和不确定性。历史学需要的是一种比法学相对弱的理论概念。历史学家们很推崇"中庸理论",提倡在时间和空间上,不仅要限制普遍化,还要约束典型化。

使用哪种科学语言,也使得历史学和历史学理论之间矛盾重重。一门理论性的语言需要专门术语,即由科学学会统一确定的不存在歧义的定义。而历史学在描述和解释各种历史事件时用的却是较为通俗的语言。在描述历史时,通俗语言具有灵活性,充满了联想空间,当然有些概念会比较模糊,但总体而言优势大于劣势。在讲述历史故事时往往会采用充满文学性、艺术性的语言,而涉及方法论、制度化形式、交流形式时才会采用学术语言。

历史中的行为和事件呈现出两种特性,这是历史学理论,或许也是技术史理论面临的最大挑战。诚然,每个历史事件都是人在推波助澜。可是,仅仅把历史事件看成是个人行为、集体行为的集合来进行还原,是无望的。还有很多历史事件的最终结果非当事人所愿。更确切地说,大多数人觉得这"恢弘庞大"的历史是因某个人而发生的,他们只是被迫承担结果,或者说是在被动接受。这粗略描绘的两种特性,从理论上为历史中的行为和它的整体构造奠定了雏形。

技术史和历史学一样,从其他科学中吸收了很大一部分理论概念。关于研究对象的规定,在技术史中占主导的是技术实体系统产生与使用之间的关联,它来源于君特·罗珀斯(Günter Ropohl)的"大众技术学"。从经济学中汲取的理论则是创新技术的基本概念和创新系统的普遍化。"路径依赖"的概念强调过去技术-经济中人们做出的决策对未来的发展的巨大影响。大多数被技术史吸纳的理论概念为它在社会学中的起源奠定了基础。首先值得一提的是技术决定论和社会结构二分法,它们长期影响了美国的技术史著作。社会学开展了对克服结构和行为二元论的一系列尝试,如安东尼·吉登斯(Anthony Giddens)的结构化理论,强调社会变革的影响。

技术史学家吸收了以上概念用以检验技术在历史上的可用性,并且对相关理论做尽可能的更改,使它们更加适应作为一门学科的要求。不断批判性地吸收之后,技术史研究出现了很多修改建议,如由关键词"创新文化"延伸出的"创新系统"概念的拓展。再如"社会性技术结构"的修订,等同于创造了一种新的理论。此外,技术历史学家展示了一些从社会学中汲取且进行了延伸的概念。其中,特别成功的是技术史学家托马斯·P. 休斯(Thomas P. Hughes),他提出了"技术风格""动量""网络"和"大型技术系统"等概念,并做了拓展,使其得以应用于理论构建中。

接下来,本章不会再列举和技术史相关的单独或连续的理论,因为这样可能会使读者产生先入为主的印象,而容易导致片面性。笔者尝试把一些碎片化的对技术史研究理论的思考串联起来,以期通过对英文和德文文献的研究,致力于探讨对技术史研究方法的吸收或是与之相关的概念和框架。笔者所选择的研究对象,以技术史课题和技术史描述的提纲的实际应用为主导。从实际应用的意义上看,借助现有历史资料衍生的概念较为实用。现有的史料记载所遵循的针对准确性和复杂性的标准,也是非常重要的准则。很多概念对技术史应用的描述太过于复杂,或者不够精准。不过,技术史学家们还是可以批判式地取其精华,并且可以根据自己的需求对其进行修正。然而,技术史对理论的需求波动幅度很大。

一些理论概念适用于指导个例研究,还有一些更适合描述宏观的历史发展。总而言之,可以如此断言,相比宏观层面的总体概况描述,至今已有的技术史理论更适用于微观层面、中观层面的个例研究。但是,至今已有的技术史很少探讨微观层面、中观层面、宏观层面之间的关联。

以下内容包含不同目标下的研究方法的框架结构,它们在某种程度上互相补充,同时也互相排斥,或者它们之间也存在从属关系。与此同时,在翻译的帮助下,大多数理论在特定案例中仍能发挥积极作用,对此要付出的代价是,一些重要的理论仍被排除在外或者理解不足。为了保证理论探讨的开放性,批判的声音自然不会被排除在外,其中也包括一些激烈的批判言语。对理论的主干部分批判性的探讨,技术史显然存在不足。相比批判性的吸收,技术史提纲的传播更多地采用了追随的模式。

4.1　西方传统技术史研究

古希腊罗马时期出现的概念"techne""ars"以及中世纪鼎盛时期出现的概念"ingenium",为人类的创造力描绘出广袤天地。这些概念特别赋予了今日的技术创造、艺术创造以广阔空间,却又未给这二者之间设限。人类追随技术的脚步,追求理性,计划周密地塑造有用之物;而艺术作为美学标准,衡量什么是令人满意的且无功利性的创造。从文艺复兴时期直至1900年,艺术的诞生是个冗长的过程。

　　我们可通过举例来解释这个冗长的过程,如主要负责外部美学形式的建筑师和负责内部技术功能的土木工程师的出现和分化。在17~18世纪的法国,既有针对房屋建筑的私立建筑学院和土木学院,也有旨在培养工程师,甚至特别针对培养军事技术装备和交通基础设施建设方面的工程师而设立的公立学校。建筑学院以艺术美学为核心,而土木学院以数学和自然科学为导向。德国的多元技术学校和技术类高校既培养土木工程师也培养建筑师,直至1870年才开始划分成两部分。1900年,赫尔曼·穆特修(Hermann Muthesius)在报告中呼吁,把建筑师的培养从技术类高校中剔除,归还给艺术。这为建筑技术和建筑艺术之间对立关系的存在提供了依据。19世纪后期,不仅国家建筑师组成了"工程师和建筑师协会",还在1903年组成了地方建筑师协会和跨区域的"德国建筑师联合会"(Bund Deutscher Architekten,简称BDA)。回溯历史的长河,BDA的建筑师为政治机构和公共场所创造了许多具有艺术价值的建筑作品。

　　然而在19世纪,工程师和工程学的发展也是独树一帜的。工程师们开始风格化,树立起对技术进行理性计算的代表人物的形象。技术产物的美学表达形式,要么因为过剩而消亡,要么转移为建筑师或者是之后产生的设计师的范畴。工程师所要求的理性和科学性似乎与数学以及自然科学最为接近。与此同时,每个工程学教授都致力于找出自然科学知识和技术创造之间的根本区别。在技术创造和优化的过程中,工程师们的目标和别人对他们的要求一样实际。他们尽可能地从经济的角度出发,确认目标;只要是有价值的决策,哪怕是临时决定,他们通常也都能接受。工程学致力于研究技术和经济的结构、技术的功能;工程师收集相关工程标准的关联,再把这些信息传授他人。

德意志博物馆的成立,是推动技术史制度化的重要因素,这一过程始于1900年,并且很大程度上由工程师推动。在工程学的内容分化过程中,技术史在一定程度上发展成了工程学的边缘学科,它需要符合一部分工程学的要求。技术史希望通过重新检查旧解决方案的可用性以及制定时不变系统的技术原理,为当前的技术发展做出贡献。

工程师在技术史著作中很大程度采用了工程学中的术语。技术史将"实体技术"放在了中心位置,当时该术语还没有人使用。技术设备和技术方法的开发,在技术史出版物的内容中占主导地位;一系列的论文提出了广泛的机器类型谱系,这些谱系至今仍然很有价值。企业史作为技术史中的一部分,其重点内容是企业技术生产。相反,企业技术消费远远落后。

康拉德·马修斯(Conrad Matschoß)是这一早期技术历史的主要代表,他曾在德国工程师协会工作,并完全参与了在世纪之交发生的人类工程学的转折。他不同意将技术当作一门应用自然科学,而是将技术产品的畅销和经济绩效看作衡量技术发展的相关标准。马修斯将评估技术的成因和后果作为技术史的组成部分,这其实已经超过了工程学技术概念的纲领。但也正是这种面向未来的跨越界限的尝试,使得他的史学实践具有前瞻性。技术发展主要归功于伟大的工程师们的事迹,主要成果则是技术带来的生产效率提高和由此带来的繁荣。

自20世纪60年代以来,工程师对工程史的贡献已被历史学家所取代。新一代技术史学家努力将技术史定义为历史学的子学科,从而使其与较早的技术史区分开。特别是试图把新一代的技术史与普遍的历史主题联系起来。早期技术史集中在技术个体,即人、发明和其他知识上。而新技术史寻求对技术结构变化的解释,并在各种社会经济背景下找到解释。与其他涉及技术的社会学和文化学相反,技术史并没有采取特殊的社会学、政治或经济视角,而是旨在将不同学科观点进行融合,以综观全局的视角研究历史进程。

尽管工程科学的划分是从专业的角度进行的,但是大多数新技术史学家还是希望可以考虑到相互依存的关系,或是整合各个课题。新技术史也部分地采用了工程师的技术术语。他们还把技术实体系统视为重心。但是,他们又扩展了用于解释这一概念的内容。他们不再将制造物出现的先后时间顺序视为技术开发工作的结果,而是分析了它们的经济、政治和社会影响。工程史学家已经提出要求,要对技术变革的起因和结果进行更深入、更广泛的调查。

新的技术史也在旧技术的生产史的基础上拓展了方式方法,了解了工作设备、工作组织、工作条件、工程师和工人的专业团队以及科学等的发展情况。新技术史研究的中心问题来自当时的主学科,例如经济和社会历史、历史社会学和工业社会学。它的生产视角符合马克思主义和当代马克思主义对生产力工作的普遍解释。从普遍的历史角度来看,它是来自贫乏社会几个世纪以来发展起来的思维方式,其目的是通过生产确保人们的生计并实现增长。

从今天的角度来看,新的技术史在20世纪60~70年代有效地扩展了研究主题。换个角度看,它存在一个使得工程学研究受限的问题:技术使用和消耗并未成为关注焦点,或只是作为生产系统的结果时才被人提及。实际上,只有拥有买方市场和史无前例的商品与服务范围的发达的消费社会,才能将消费的重要性带入科学意识。值得一提的是,美国和英国的历史学家在20世纪80年代发现,消费是一个主题领域。德国的技术史几乎与美国同步,从1990年开始传播生产和消费的相互作用,并将其作为技术史的新示例进行宣传并实施。

技术的生产和消费密切相关。消费是生产的目标。从一开始,生产者就着眼于其产品的使用和供应。在消费者领域,他们以产品和服务的经验为指导。在使用方面,生产者赋予他们的产品一些特性,这些特性在一定程度上决定了产品的用途。但是,消费者并不一定会遵循产品说明书,有些消费者会顽固地用自己的方式使用它。他们这种我行我素的特殊使用方式又会再次反作用于产品,而生产者则会迎合消费市场。

1979年,技术哲学家君特·罗珀尔(Günter Ropohl)在他跨学科的著作《通用技术》中,就已经强调了技术起源过程中生产与消费的相互作用。根据该作品最新版本对"技术"的定义,"技术"应该包括以下内容:(1) 以实际应用为导向的、人造的、客观具体的产物的集合(制造物或实体系统);(2) 产生实体系统的人类活动和设施的集合;(3) 使用实体系统的人类活动的集合。罗珀尔提出了他对技术的理解,但他并不想对"技术"本身给出一个绝对正确的定义,而是仅仅赋予了这个词一种语言使用规则。德国技术史在很大程度上采用了这一规则。它大致对应美国技术史中使用的技术概念,但是定义更为精确。在美国技术史中提及的一般是"技术语境"或"环境语境设计法"中的技术。

概述的技术术语的优势在于它们的通用性和开放性。它们不会先判断技术的定义,然后先入为主地做出初步决定。在这方面,它们与功能主义的技术术语不同,后者从一开始就在更大的社会文化环境中为"技术"这个词语分配特定功能。例如,技术是人类学研究绕不开的话题,是器官的投射,是支配自然的手段,是文化或文明的要素,是价值体系的象征性表达,是社会的生产力,是沟通的媒介。功能主义者的各种技术术语及引人注目的表述,高度概括了这个抽象概念,是基于各个方面的解释进行的构思。

因此,我们可以将20世纪的技术史理解为三个发展步骤。工程师的技术史经历了1900年左右的体制性突破——在这里使用的是罗珀尔的术语——着眼于工件或技术系统的结构和功能。自20世纪60年代以来,技术史就通过追根溯源来扩展它的研究范围,约在1990年通过对其使用范围的研究而扩展成了技术史。

4.1.1　对技术发明与创新的探讨

在较早的工程师书写的技术史中,发明创造的历史可谓是重点。发明被视为是技术的起源或"技术界伟人"的创造性成就。被强调的"创造力"概念,会让人将技术创造与上帝创造世界的那个"创造"联想在一起。它为工程师提供了与其他文化领域的天才崇拜或是英雄理论建立联系的机会。和技术史学家相反,经济和社会史学家对专利发明给予更多关注。这些专利代表着大量的信息来源,它们有望提供有关经济技术竞争力和社会需求变化的信息。

发明可以理解为对新技术的首次描述,可以是语言或图形,也可以是真实模型或原型。一项发明不仅包含有关工件结构和功能的信息,而且始终包含它可能存在的用途。专利规定了发明人对其发明的合法产权。

根据德国法律,如果发明符合新颖、进步、高水平(超出现有技术水平)和可用性的标准,则可申请专利。

创造力心理学使用诸如感知、构想和建构之类的术语,也使用准备、孵化、启发和验证等术语来描述创造性问题解决的各个阶段。发明的开始是捕捉和处理问题,最后是确定并验证发明的想法。技术史存在的一个问题是,发明的源头通常不可能有精确的记录,并且十分明确地将发明划分为各个阶段并以确定的技术革新作为划分的标志。传统的发明故事通常是为了满足特定的需求而编造的,其中一些故事具有传奇色彩。在这种情况下,技术史对发明心理学几乎没有任何贡献,也不可能从中受益。

发明的系统观察具有类型化特征。因此,可以根据发明对象将发明分为产品发明和方法发明。工程师作家马克斯·埃斯(Max Eyth)根据产品用途对发明做了进一步区分:功能性发明为先前未实现的目的提供了实现方式,结构性发明为已实现的目的提供新方式。传递发明是将一种已知的方式用于另一个已实现的目的。这些方式以及其他的一些方式可帮助技术史学家对单个发明进行分类。有人会问,在历史过程中,两种类型的发明之间是否发生过变化,这对技术的发展意味着什么?

直觉的概念指的是"巧思""灵感"或"头脑风暴",这种解释的来源通常是不可追溯的,最多可以确定发明者的特征,例如突出的想象力。但是,从一开始,这种概念就已经超出了历史学家的能力范围。不过,历史学家能够从社会和科学史的角度分析发明者这个群体。这对于英国工业革命的阐述很重要,当时的新技术发明者在很大程度上来自手工艺行业、科学界或非专业的中产阶级。技术史研究多次表明,18~19世纪的许多发明来自业余人士,而不是专家。普遍的解释是,专家们囿于特定的传统思想方式,以致他们对新事物的想法也被禁锢了。在20世纪,个人发明的重要性下降了,然而集体发明的重要性,特别是公司发明的重要性上升了。原因是人们对发明知识的需求增加以及在加工制造、专利权和营销方面的努力。

与发明活动类似,理性的计划草案会更多地在供应方或需求方这里寻找发明的起源。基于技术知识和能力水平以及对新事物进行系统性搜索的发明,都是根据产品的理论方向发展的。发明诞生所赖的有利条件包括社会的认可和经济奖励。从这个意义上讲,托马斯·阿尔瓦·爱迪生(Thomas Alva Edison)将发明描述为1％的灵感和99％的汗水。美国史学界通常将内战后美国的政治和经济崛起与发明的广度结合起来。在当时,发明已成为一种大众流行运动。专利立法的前提是专利带来的奖励会增加发明的数量。因此,专利也阻碍了技术创新的传播。然而,从经济学上看,所产生的损失将和发明活动增加带来的收益抵销。因此,从理性的角度来看,专利的设立并没有偏离发明本身,而是提供了有利于发明的条件。

另一种观点则根据经济和社会需求来解释发明。社会学家和经济学家如西亚波利·格伦·吉尔菲兰(Seabury Colum Gilfillan)和雅各布·施穆克勒(Jacob Schmookler)试图以多个例子证明经济增长的原因不仅是专利权的结果。假设技术知识和能力达到了一定水平,只要有需求,便会自然而然地出现各类发明。当然,这种观点极大地限制了发明和专利对技术发展的价值。

个人多项发明是技术史上的普遍现象。发明是由不同人在不同地方独立完成的。多项发明与直觉主义对发明的解释相斥,但是可以解释为一个是以供应为导向,一个是以需求为导向。供应理论下的发明源于相似水平的技术知识和能力,需求理论下的发明源于相似的经济需求或社会需求。

授予专利的数量通常可以指示国民经济的技术效能。但是,这个指标的意义也会因此受限,因为只有一小部分授予产品的专利会导致产品畅销。因此,发明和专利是技术发展动力的必要不充分条件。这可能是由于发明在技术史中不再起中心作用,却对创新而言地位上升的最重要原因。

从广义上理解,创新包括发明。狭义上的创新,即发展到拥有成熟市场且得以传播。这个术语在约瑟夫·熊彼特(Joseph Schumpete)的著作中多次出现,最初是经济学,后来又扩展到其他学科。熊彼特将创新与发明区分开来,他认为发明"不会带来经济意义效果"。另一方面,他看到了创新是"使资本主义机器运转并保持运转的基本动力"。但是,熊彼特不仅将技术创新归为创新的一种,而且将社会和组织创新同样归于创新,他为创新过程提供了个人解释。企业家和管理者将"创造性破坏"过程中的创新和新经济解决方案相结合。创新是竞争资本主义保持活力的原因。但是,熊彼特期望竞争资本能够在第二次世界大战后终结。熊彼特认为,在技术史后期,发明不再起到重要作用。从狭义上讲,创新是指在公司的技术史中,公司产品之所以成为畅销产品的开发过程。在有限的视角范围内,公司会预先猜测客户的使用需求。在一定程度上,他们赋予了产品和使用程序的说明。产品在市场上的传播扩散,除了主要取决于客户的购买倾向,同时还取决于公司的市场力量和市场营销。技术传播在时间轴上通常以 Logistic 函数的形式呈现,即呈 S 形曲线。新产品一开始慢慢地在市场上传播,因为人们需要时间了解它;随着时间的推移,传播率逐渐增长,然后再次降低;最终,市场渗透率逐渐接近饱和。实际上,这种理想的过程图具有多种变体,扩散可以更慢或更快速地发生(如曲线的陡度所示),也可能会发生不同程度的饱和。曲线的走向受到各种因素的干扰,例如由于总体经济趋势趋于下降而放缓,或者由于产品改进而加速。

在之后的阶段,加入了经典的创新案例、发明,也包括技术的创新(从狭义上来说)和传播。在某些情况下,发明之前的步骤是认知,即"先前未知的自然现象和自然定律的知识"。产品的传播也会导致停滞或最终产品消失。此时便会采取回收或销毁的措施。所有的这些阶段整体被称为"产品生命周期",并以诸如诞生、成长、成熟、停滞、衰败等术语来对其进行描述。

只有事后回顾,瞻顾全局,才能把创新案例描述成从一个阶段发展到下一阶段线性渐进的过程。实际上,创新过程中有许多反馈,从发展到拥有成熟的市场,会遇到困难,所以需要通过创造性研究,只有出现新进展,才能进一步发展,从而解决这些瓶颈。只有在市场上,产品的弱点才变得明显,此时就需要改良或者全面改造等举措。创新过程也可以被视为是连续的选择过程,在每个阶段,都要在众多方案中做出选择,很多首选解决方案和临时解决方案都可能不会被采纳。最后,只有一小部分创新产品能够投放市场,且只有一小部分产品可以带来经济收益。

经济创新研究的兴趣主要集中在创新的成功案例上,因为只有这些创新才被视为经济增长的基本要素。但是,创新研究人员逐渐扩大了他们的视野,从公司的创新能力和创新活动到市场对技术的接受度以及潜在的社会力量,逐步扩大研究范围。只要没有假设,并且遵循内部逻辑的正常情况,那么将经济研究集中在成功的创新案例上是完全合理的。当有人提出将创新产品从基础研究到投放市场验证成功,直接变为线性过程的计划建议时,问题就变得更加棘手。因此,创新的阶段模型从一开始就缺乏表现力。它是具有引人注目的描述性图表,但其解释力很弱。

将成功的创新和失败的创新进行比较,这样具有更大的解释潜力。最重要的一点是,在过去的20年的技术史中,相比创新的正常案例,人们更关注失败的案例。据估计,大约90%正在考虑投入市场和正在进行中的创新,一旦投入市场并不会取得成功。但是,我们应该牢记,解释一个案例之前,要先确定成功和失败的标准。市场的确定方式可以截然不同,如加入了政府投资和军方的投资。失败的原因也是多种多样的,其中包括市场竞争的异常激烈、技术开发中的难题、对市场的错误判断、不利的背景条件、资金的缺乏、时机不对等。

另一个有效的方法是对创新进行分类,在产品创新和过程创新之间进行区分。按背景情况可将创新分为以下几种模式:

(1)产品创新和过程创新。例如,一家公司进行产品创新,把一款新发动机投入市场;另一家公司则实施过程创新,利用这个发动机来推动生产设备现代化。

(2)基础创新和改进创新。基础创新创造新的行业和行业分支,改进创新仍保持在现有技术体系框架内。关键创新也时常被人提及,例如正改变着众多应用领域的微电子学。

(3)冷漠型创新、合作型创新和竞争型创新。在产品的传播阶段,创新分类将创新产品置于更大的市场环境中。冷漠型创新提供了新的、独一无二的解决方案,合作型创新与现有技术解决方案相辅相成,竞争型创新必须胜过现有技术解决方案。

　　(4)以产品为导向的创新和以需求为导向的创新。以产品为导向的创新通常是为了产生发明活动或研究与开发而产生的,并没有使用方法的思路。以需求为导向的创新基于众所周知的社会需求,而问题在于如何找到可用于解决此需求的技术方案。

　　所有以上这些创新类型都是理想类型,实际上,它们都不以单独形式出现。真正的创新总是包含几种理想类型的元素。但是,它们可以归为一种或另一种理想类型。理想的创新类型具有启发价值,它们代表着创新过程的典范。

　　产品创新可以展示公司的动态行动,过程创新则是一种更注重安全性的策略。基础创新可以对经济和社会产生深远的影响,改进创新可以巩固现有的结构。借助冷漠型创新、合作型创新和竞争型创新这几个概念,可以重塑技术市场的动态。以产品为导向和以需求为导向的创新,通常投资程度和扩散速度有所不同。这些理想的创新类型有助于提出具体的关于创新的问题,并从某些角度解释它们。

　　从某种意义上说,创新呈现了技术发展的微观单元,对技术史和技术研究具有持久的重要性。目前学界的研究主要集中于直接或间接参与的行动者群体对创新事件做出的贡献,并在更大的社会环境中对它们进行分类。

4.1.2　对国家创新体系和创新文化的探讨

　　"国家创新体系"和"创新文化"这两个术语将"创新"置于更广泛的范围内。德国国家经济学家弗里德里希·李斯特(Friedrich List),最早尝试描述一个国家的创新过程及其创新能力,此类型研究贯穿了整个19世纪和20世纪。自20世纪80年代以来,主要由英国和丹麦的经济学家进行更为系统的尝试,以"国家创新体系"作为该研究的新标签。起因是有关西方经济体增长弱势的讨论,尤其是与新兴工业国家日本相比较。新的研究方向不仅仅是熊彼特的经典经济创新,重点在于技术创新,它对现代国民经济的增长有着决定性作用。熊彼特明确地将自己的研究方向与新古典经济学区分开来,但是后者在适应数学模型中的技术进步方面一直遇到困难。1990年左右,这个概念进入了政治舞台。其中,一个标志性事件是,经济合作与发展组织(OECD)制定了衡量国家创新的指标。自此,国家创新系统的概念已从科学分析工具发展为一种政治工具,用于克服经济增长乏力。

　　像传统的创新理论一样,新创新理论代表人物认为,创新将在公司中产生。与传统创新理论的代表人物相比,他们现在更强调在更大的系统环境中公司的参与度。例如,他们提到了国家的技术政策以及公司与其供应商、客户之间的合作关系。创新经济学家将"知识"和"学习"确定为技术创新和经济增长的主要因素。常规情况下,在一家公司中,不论是旧产品的生产还是新产品的开发,都需要熟悉日常工作。创新必须适应现有的结构,或与趋于持久的体制力量相抗衡。最初,创新的重点在工业研发部门。随后,创新视角扩展到了整个国家的科学和教育体系如大学校内外的研究、基础教育和高等教育等。在这些地方,国家可以充分发挥政治塑造者的作用。而这又使国家承担了克服经济增长乏力的主要责任。

在之后的学术表述中,国家创新系统的概念变得越来越复杂。如今,公司已经建立了产业和社会关系网络,通过竞争和合作来促成市场的成功。创新研究人员把政治结构、银行和资本市场、法律制度、经济构成、社会关系、技术接受度、消费者行为以及文化价值和规范作为研究课题,这是开展创业活动和提升国家竞争力的前提。"国家创新系统已发展成为一个多方位的概念,并且仍然可以扩展。一种指定'系统'的方式是将所有影响技术发展和产品传播的重要因素,如经济、社会、政治、组织、体制和其他因素纳入其中,考虑潜在的创新因素。并且不能将潜在的重要决定因素排除在外。"

调查实践工作涉及不同的国家。但是,用于创新系统比较的类别没有统一性。大多数研究调查涉及国家规模、自然资源、繁荣程度、产业结构、出口方向、军备预算和研究与开发支出。许多调查报告提到了国家创新系统的高度稳定性。在过去的150年中,德国制度的基本特征保持不变。

批评者质疑,在宏观层面上,国家才是分析创新动力的主体。从历史的角度分析可知,工业化的剧变最初都是在局部地区发生的。从当前和面向未来的角度来看,可以为这一概念注入全球化的视角,使得创新事件国际化。仅从这两种观点的两极分化就可以得知,优先考虑经济政策以研究创新系统是不恰当的。通过创新系统概念考虑行业或技术,这样的提议具有合理性。

但是,在使用和发展创新系统的概念时,也应谨慎对待它明显的弱点。国家创新系统概念的优点在于普遍适用性。一个系统可以用它的要素和要素之间的关系来呈现。系统的可操作性要求确定系统边界:属于系统的内容和不属于系统的内容,以及说明中包含的要素和要素关系的具象化。在创新系统中或许仅部分实现了这种可操作性和具象化。但是,在方法论中对二者进行比较是必不可少的。

国家创新系统的概念反映了特定经济政策的时间、空间问题,并且包含许多未知的前提。在这一系统背后的是发达的、竞争性的资本主义工业国家。很难将这个概念应用于国民经济或发展中国家。它是产品导向的,而不是需求导向的。这个概念是否适合用于描述更复杂的第三产业社会(也有人称之为服务型社会),是个值得思考的问题。服务型社会、消费者社会、休闲型社会或冒险型社会中,无论怎样描述第三产业社会都可以,相比于工业社会,它更适应不同的创新和增长条件。对于产品而言,广告和营销的地位也提高了。与公司相比,消费者及消费者的文化价值变得越来越重要。虽然之前的生产对创新过程中价值和规范的重要性,已经有了标准,但是它们不会再出现在模型的定量拟稿中。很简单,因为它们很难被准确评估。近年来的研究,再次呼吁以"创新文化"为关键词,将价值、规范和象征意义整合到创新系统的概念中。这个需求似乎是合理的,但操作难度增加了。

这个概念的另一个前提是,知识和科学是决定性的创新因素,与"知识社会"的流行观念相呼应。在过去的几个世纪中,知识和科学在我们这个时代及未来的基本意义无可厚非。但是,当涉及创新系统的概念时,各要素的混合及权重非常重要。历史上的研究和当前的研究激起了人们对政府研究、教育支出、经济增长三者相关性的怀疑。一般而言,创新系统的概念似乎高估了国家技术政策的指导力。

4.1.3　技术风格和技术文化的探讨

第一眼看上去,"技术风格"和"技术文化"似乎与"创新系统"和"创新文化"是相似的概念。但仔细分析,两者之间存在明显的差异,同时两者之间也存在着相关性。以目前的国民经济状态为背景,创新系统概念的产生在19世纪80年代及之后。而技术风格和技术文化的概念,是以技术史为背景而产生的,从技术史产生的伊始延续至今。与创新系统相反,对于引导技术政策行动和操控技术发展,这两个概念没有明确说明。最后,在处理技术和社会的静态与动态关系时,这些概念也有所不同。"技术风格"和"技术文化"共同应对技术的状态和变化。然而,通过创新系统,人们试图获取促进创新活动的知识,并加以应用。"技术风格"这个概念来自美国技术史学家托马斯·P. 休斯(Homas P. Hughes)。以此,休斯标记了一些众所周知的现象,它们具有不同技术形式以及大致相同水平的技术知识和技术能力。他给出以下定义:"样式,可以定义为使机器、生产过程、设备或系统具有独特特性的技术特征。"技术特性由"文化因素"产生,这使技术成为一种"文化产品"。"文化因素包括地理、经济、组织、立法、偶然的历史和创业条件。"

因此,休斯将"技术风格"一词广义地定义为"经济学家的创新系统"。

第一,该概念的优点在于,它引起了人们对技术工件的结构和功能的关注,从而引起了人们对技术研究主题的关注。第二,它清楚地将技术描述为一种社会文化现象。第三,它涉及技术的特性和差异,因此,人们需要对其进行比较。但是,"技术风格"这个概念也有许多缺点,因此,建议谨慎使用。休斯把"技术风格"看作"技术的相似变化"。原则上,如果这些技术知识和能力在全球范围都可使用,那么在一些社会文化条件不同的国家和地区,生搬硬套相同的解决方案则难以奏效。因此,"技术风格"包含一部分存在问题的技术决定论的残余。但是,不同的社会文化条件也可能导致完全不同的技术解决方案,这种现象不在本书讨论的范围内。

应对以上缺陷的方式是,重新定义该概念和修改该概念的使用方法。"风格"这个概念本身的内涵和语义还存在其他问题。尽管"风格"的概念现在在其他文化和社会学中已有了其他用法,但它在艺术和文学中被视为经典概念,并深受影响。它指的是艺术和文学中的表现形式,指艺术家或某种艺术活动的特定"风格特性",而具体使用什么工具则在其次。在技术方面,权重必有所不同,因为工具的使用(即使可能并非如此)和技术的应用一样重要。另一方面,艺术和文学中的风格概念通常是从个人或单独的群体及其艺术自由发展而来的。这种风格可以由它的前身确立,并由后辈传承。但是,当涉及技术在地区或国家范围内的兴起时,这种个人主义的概念意义甚微。在"风格"被用来识别个人的手工艺品设计时,在与工业主义和大规模生产抗衡的情况下,这一概念的艺术科学意义与其在技术史上的可用性之间的区别尤其明显。从19世纪至今,"风格"一词在反技术文化批评的广泛讨论中成了普遍概念。

质疑"风格"这个概念,在技术史上得到了积极响应,因为只有这样,才能给"反技术文化"的批评致命一击。因此,技术史对"风格"概念的接受,将是"技术世界"通过自我调整而做出努力的一个新维度,让这个在艺术和文学中已拥有一定地位的概念,社会认可度得到提高。

"技术文化"一词试图避免受到艺术史对风格概念释义的影响,它是基于现代人类学中的文化概念,文化指的是在一定空间和特定时间内人类的整体生产的产品总和。因此它追求一种整体的方法——与创新文化形成鲜明对比的是它对价值和规范具有局限性。"技术文化"一词不是针对特殊性,而是针对一般性;不是针对单个技术,而是针对整个技术;不是针对本地或公司特定的技术特征,而是针对区域性技术水平较高的工业化国家或地区,保持国家甚至是跨国特色。"技术文化"强调技术与其他社会领域之间的功能联系,而这些联系本质上决定了技术的发展。如果遵循这种差异化建议,"技术风格"一词可用于表示技术开发过程的结果,即技术对象的结构和功能。因此,作为解释类字符,"技术风格"一词比"技术文化"更适合用来对概念进行描述。

到目前为止,技术史主要确定了区域和国家的技术风格或技术文化。例如,术语"边界技术"(Frontier Style Technologies),指的就是在文明边缘的自然界的技术发展。在19世纪下半叶和20世纪上半叶,德国技术的发展相比较美国具有以下特征:德国的技术文化中,成功的公司往往能将新知识转化为可销售的资本货物。由此产生的技术风格主要体现在技术水平、技术质量、能源效率和材料效率方面。然而,在美国技术文化中,成功的公司为国家内部市场合理批量生产廉价消费品。产品的质量根据客户需求而定,能源和材料的节省都不重要。两种技术风格之间的显著差异,可以通过特定的技术文化来解释,因为双方拥有的自然资源不同,要素成本——尤其是人工成本和需求亦不同。

"技术风格"和"技术文化"这两个术语描述并解释了技术与社会、自然环境之间的关系。总的来说,它们的基本思想是追求"合适的技术"（Appropriate Technology）。也就是说,现有技术是适应环境的结果。此外,解决技术对其周围环境的影响,设计出技术与社会关系的交互模型,也是有可能实现的。

4.2　中国技术史研究

中国的科学技术史研究发端于20世纪初期,与西方研究在内容、方法和视角上都有本质的区别,多数学者抱有弘扬民族文化、继承祖国宝贵历史文化遗产、鼓舞国人信心的目的。这也是近现代科技史学者研究中国科技史的一个重要动因。早期的科学技术史研究包括算学史、天文历法、医学史、物理学史和技术史几个方向。

自20世纪初期以来,技术史研究逐步展开,开始了第一个阶段,主要的专著有如郑肇经《中国水利史》等。学者们所做的工作主要是搜集中国古代有关科技的典籍,按照现代学科划分标准,摘录史料并做考证;把古代知识翻译成现代的科技语言或进行复原,开展专题研究,撰写学科史等。

技术史研究的第二个阶段是在中华人民共和国成立初期,一些相关的科技史研究机构的成立,如1954年创建了中国科学史研究委员会,1957年成立了一个专业的研究机构——中国科学院中国科学史研究室(1975年改为自然科学史研究所)。这为有组织、有计划地研究科技史提供了先决条件。这一时期,中国科技史资料的整理也有了一定进展。

第三个阶段是改革开放后,英国学者李约瑟《中国科学技术史》在中国大陆开始翻译出版,对中国的科学技术史研究产生了很大的影响。这一时期,学术团体、学术会议和期刊都有了较大发展。1980年成立了中国科学技术史学会,随后技术史委员会也在科技史学会下设立。同时,与技术史研究相关的报刊也相继创刊,如《自然科学史研究》《中国科技史杂志》《中国科技史料》《自然辩证法通讯》《自然辩证法研究》《科技通报》《科学文化评论》《科学与社会》《科学技术哲学研究》等。

技术史学科的学位授权和学科设置也在不断完善。从1980年开始经过近20年6次学位授权,科技史学科在理、工、农、医四大学科门类下均获得相应的学位授权点。其中工学门类下有技术科学史(分学科)一级学科。但是,1996年,国务院学位委员会下发《关于对〈授予博士、硕士学位的培养研究生的学科、专业目录〉及新旧专业目录对照表(征求意见稿)》中,又撤销了技术科学史的一级学科,将其并入自然科学史理科一级学科之下。

20世纪80年代以来,很多高等院校都设立了技术史相关的系、所,如上海交通大学和中国科学技术大学分别成立了科学史与科学哲学系、科技史与科技考古系,清华大学设立了科技史暨古文献研究所,北京科技大学设立了冶金与材料史研究所,内蒙古师范大学设立了科学史研究所等。

这一时期的另一大特点是中国科技史丛书的不断推陈出新。此时,由于学术队伍的扩大,撰写本国的科学技术史丛书成为中国学者们的一个重要的阶段研究目标,如卢嘉锡作为总主编出版的《中国科学技术史》丛书。该套丛书从1998年由科学出版社开始出版,丛书计30卷。其中与技术史相关的卷本包括:通史类(《通史卷》《科学思想卷》《中外科学技术交流史卷》《科学技术教育、机构与管理卷、人物卷》);分科专史类(《水利卷》《机械卷》《建筑卷》《桥梁卷》《矿冶卷》《纺织卷》《陶瓷卷》《造纸与印刷卷》《交通卷》《军事技术卷》《度量衡卷》);工具书类(《科学技术史词典卷》《科学技术史典籍概要卷(一、二)》《科学技术史图录卷》《科学技术年表卷》、《科学技术史论著索引卷》)。此外,值得一提的是杜石然等的《中国科学技术史稿(上、下册)》记述了中国原始社会至近代以来的科学技术发展历程。对主要的科技成就、科技人物,以及中外科技发展不同道路的对比、历史经验教训等都做了深入的研究、论述。吴熙敬促成了《中国近现代技术史》的诞生,该书在中国科学院的支持和资助下,汇集全国30多所科研院所、大专院校和科技管理单位的100多位学者的研究力量,终于在2000年出版了近230万字、门类齐全的综合性技术史巨著。这套丛书是中国技术史研究领域第一部综合性巨著。

这一时期,中国技术史专家和研究人员也组织翻译了一批高质量、高水平的学术专著,包括综合性技术史、学科专史、发明家传记等。特别应该提到的是东北工学院、哈尔滨工业大学、大连理工大学、华中理工大学、中南工业大学和成都科学技术大学联合组织力量,翻译出版了英国查尔斯·辛格(Ch. J. Singer)等人用了近30年时间编写的《技术史》(《A History of Technology》)7卷本。这套书翻译成中文后达800余万字,是技术史研究的宏大著作,为国内技术史的研究和教学提供了重要的参考文献。

　　总的来说,从20世纪早期开始,中国技术史研究从零散的个人研究逐渐走向了学科的建制化,研究队伍逐步壮大。中国学者们对技术史研究的对象也有了分化,从传统走向了现代。一般技术史研究有两个领域:一是以中国古代技术为研究对象的传统技术史研究,二是以近现代中国技术的引进、吸收和创新为对象的研究。

4.2.1　以中国古代技术为对象的研究

　　西方技术史学者曾多次尝试书写从史前到现今全部历史时期的技术史,向读者描述"一幅技术史的全球画面"。但是怎样将中国古代技术文明纳入技术史发展进程当中是学者们的一大困境。事实上,如何将中国科技史嵌入全球科技史的整体框架,是撰写世界科技通史时通常会遇到的一个重要困难。在这种情况下,对世界技术通史的研究,避免绕不开西方中心主义的话题。这虽是困境,但也给中国技术史研究者以契机,从中国古代文明出发,探讨全球化视角下的中国古代技术在世界的地位和影响。因此,中国技术史研究的发端也是从中国古代技术史的整理与研究开始的。

　　因此,从技术史研究的早期的成果就可以看出中国学者的目标。如张秀民的《中国印刷术的发明及其影响》考证了雕版印刷术、活字印刷术的具体时间以及胶泥活字的发明者。书中根据印刷术采用不同材质的演进顺序论证了古代中国印刷水平的不断提高,且从全球史的角度,通过一些考古发现与文献资料,证明远至欧非的印刷术都受到了中国的影响。

还引用了《李朝实录》等资料,说明了朝鲜铜、铅活字在世界印制史上的地位。记述了元末大批刻工在日本刻书对日本印刷事业的贡献。在机械史的研究上,学界也较早地做出了成果。刘仙洲被誉为中国机械史学科的奠基人,他的《中国古代农业机械工程发明史》则被誉为"标志我国古代机械工程史已进入分类史研究的新阶段,开创古代机械分类史研究的先河,是我国第一部机械分类史方面的科学专著,走在了这类研究工作的前列"。书中按照现代农业的分类方法将古代农业机械分为七大类:整地机械、播种机械、中耕除草机械、灌溉机械、收获及脱粒机械、加工机械和农村交通运输机械。作者认为,我国历代发明的机械多以为农业服务为主,数量多且发明时间早,但是在过去的一两千年中推广极慢。而至近代,虽有外国新型农具的引进,但大多流于形式,并没有更多地应用于生产领域。

对中国古代技术史的研究主要包括三个方面:

(1) 对中国古代技术史文献的整理与研究。中国对技术的发明及其历史研究都有着悠久的传统。在我国浩瀚的古代典籍中,大批有价值的科学史、技术史的资料待发掘、整理和研究。我国历史上著名的技术史专著也卷帙浩繁,如我国古代工程技术的重要著作《考工记》,记有生产工具、生活用具、乐器、兵器等制作技术和城市、房屋建筑设置技术。北魏贾思勰的《齐民要术》系统总结记载了农作物的耕作栽培、选种育种、土壤肥料、果树蔬菜、畜牧兽医、养鱼养蚕及农副产品加工等技术。宋代李诫的《营造法式》、元代王祯的《农书》、明末宋应星的《天工开物》、徐光启的《农政全书》等都是中国技术史的巨著。对这些著作的研究是古代技术史研究的重要工作。

(2) 传统工艺是技术史研究重要分支之一。随着中国逐步实现工业化和经济社会转型，许多传统工艺被现代技术取代，甚至濒临失传。为此，很多专家学者深入边远地区进行抢救性调研、保护和研究。如陈彪团队手工纸的研究、王进等人的传统金银制品的工艺研究、晒盐工艺的研究、民间蓝印花布印制工艺研究、制陶工艺的研究、瓷器技术的研究、徽墨的研究等。近年来在传统工艺研究中最重要的工作是在 1987 年。2006 年《中国传统工艺全集》共 20 卷出版。该书从 1999 年开始编研，为国家保护非物质文化遗产提供了学术依据。在传统工艺的研究中，传统的以解释性技术为核心的技术史观在解决经验性技术问题时存在着理论上和实践中的困境。技术史专家们另辟蹊径，从技术社会史的研究视角对传统技艺的研究进行解释。这种方法摒弃了解释性的技术史观，不仅从内史的角度出发，同时承认技术的多样性，采用整体性技术史观考察经验性技术问题，并且注重技术在地域、民族、文化和社会等方面的影响。这种方法把传统工艺与民族和社会背景联系起来，提倡对社会文化因素做深入挖掘，还原传统工艺的"温度"，有利于对传统造物思想的挖掘和对当今技术思想的审视。

（3）对中国古代技术发明的复原与实证研究。复原研究在技术史研究中具有较为重要的作用。复原是指在对过去虽有过，但现已无，或现虽仍有，但改变较大的技术实物进行修复和再造。复原兼具研究和教育展示的作用。这类复原几乎是从无到有，通常是根据很简略的史料开展工作，难度很高，技术的原理和智慧集中体现在实物之中，因此复原工作同时也有较大的研究成分。虽有时也制造出模型来，但工作量主要在于研究，从事这类复原的人也主要是研究人员。笔者建议将这类复原称为"复原研究"。中国古代科学技术曾长期领先于世界,在古代科技中,古代机械所占比例相当大,根据英国著名学者李约瑟统计,在中国古代重要成果中,属机械的占三分之二以上。通过复原形象生动地再现中国古代机械的盛况,弘扬祖国优秀文化,给人以印象更为深刻的直观认识,可以更好地教育大众。国内最早开始进行古代技术发明的复原工作的学者如王振铎,他为了博物馆陈列和技术史研究,组织复原了指南车、记里鼓车、候风地动仪、水运仪象台等百余件古代科技模型。他的这些复原研究工作,在国际科学技术史研究领域有深远影响。20世纪80年代,华觉明等主持的"曾侯乙编钟复原研究"的成果获文化部重大科技成果一等奖。同济大学于1982年4月创立了中国古代机械复原研究制作室,在陆敬严的带领下复原制作了古代机械模型5大类200多件,如高转筒车、立式风车、水排等等。这些模型再现了我国古代农业机械、手工业机械、起重运输机械、战争器械、自动机械的科技成就,集中反映了中国古代科技一千多年来领先于世界科技发展的情况。

4.2.2 中国近现代技术史的研究转向

中国近现代科学技术的发展历程的技术史研究的内容主要是近现代技术在中国传播、建立和发展的历史,基本上不属于发现、发明的历史。2000年之后,中国技术史研究关注时段发生了变化,从古代技术史转向近现代技术史的研究趋势明显,并且呈现从近代到当代技术史研究扩展的态势。

研究的主要问题包括：

（1）技术引进与自力更生的关系问题。近现代科学技术自17世纪以来，特别是自19世纪开始传入中国。这就产生了对西方科学技术向中国传播的历史研究，或者说近现代科技在中国的建立和发展历程的研究。当代史和国史研究中也需要技术史研究的补充，中华人民共和国成立后的近30年中，主要依靠引进西方技术推动国家建设的发展，中华人民共和国成立初的10年中，技术引进仅限于苏联等社会主义国家，其中从苏联引进的成套技术项目和得到苏联的技术援助最多。"一五"计划期间的"156项工程"，使中国在较短时间内奠定了工业化的初步基础。同时，中国自身也在尝试自力更生、依靠自身技术开发的模式。其中，技术的发展也是充满了困难曲折，在此过程之中也遭遇过倒退。因此，在这样的技术发展的现象下，探讨其中的内外因素就显得十分必要。

（2）近代以来某个领域的技术史与工业史研究。包括对某单个领域的技术史如矿业技术史、冶金史、能源技术发展史等的研究。不但从事实上叙述历史现象与事件，而且要历史地总结单个技术领域发展的规律性，指出它与社会经济现象和过程的联系，其中也要反映出各国在技术发展中的贡献。

目前，工业史受到较多关注。中国近代工业和技术是在一个特殊的国际和国内环境下起步的，清政府真正下决心投资的主要是在各地兴办机械局和造船厂，制造军用枪炮、弹药和轮船。为了给这些军工厂提供原材料，才开办了矿冶业，开始使用电报并修筑了铁路。但引进技术在规模上很有限，一味模仿效法，消化吸收得不彻底。同时，技术的发展需要的历史过程并非引进即可跳过，技术和设备还要依赖西方，难以形成自己的工业体系。新式工业主要分布在少数通商口岸，工业布局极不均衡。中国近代工业还经历了民国时期、抗日战争时期。中华人民共和国成立后，中国工业体系完全转向苏联的计划经济体制，经历了国民经济恢复时期、"一五"计划和"二五"计划建设时期、"三线"建设时期、"文化大革命"时期、改革开放时期等几个大的历史阶段，在每个历史阶段工业发展都有重要的历史特征，在不同历史时期的不同区域，也有着不同的产业布局和产业发展主导思想。这些都是工业遗产研究不可或缺的重要内容。如《中国近代纺织史》《中国近代化学工业史》《清代的矿业》《冶金史》《中国冶金史论文集》《云南冶金史》《中国近代面粉工业史》等，均从专业角度，较详细地论述了在一定历史时期、一定区域内产业的发展历程，包括相关管理、政策、技术、人员、产量等，这些著作对于我们从产业门类专业上认识工业遗产价值，具有重要的参考价值。

（3）工业遗产与保护。工业遗产的研究和保护是近几年来在我国兴起的应用技术史研究方向。在理论方面，冯立昇对国际工业遗产保护和研究的兴起，工业遗产的内涵、价值做了理论上的探讨。他还结合我国工业遗产的实际情况和具体案例，尝试给出了对工业遗产的评估标准。姜振寰论述了工业遗产的价值和研究的方法。靳小钊从技术消费角度解读工业文明遗产，从技术消费价值认知过程探索工业文化遗产的价值内涵，认为技术消费是技术品、技术服务进入消费领域的主体经济行为和个性创造过程。如果把工业遗产看作工业文明的历史凝固物，那么工业遗产的技术消费遗存编码就构成了它的精神内核和遗存标志符号化系统。靳小钊的研究为工业遗产研究与保护提出了一个新的学术方向。此类著作还包括张柏春、方一兵的《中国工业遗产示例》，刘伯英的《中国工业遗产调查、研究与保护》,以及各地的工业遗产保护研究,如哈静、徐浩铭的《鞍山工业遗产保护与再利用》,李志英的《北京工业遗产研究》等。

思考题

1. 西方技术史研究的关注点有哪些?

2. 中国古代技术史研究的方向有哪些?

3. 谈谈中西方技术史研究在研究对象、目的、学科发展等方面的异同。

4. 聚焦一个技术史研究的对象,探讨不同时期的学者在研究的问题、方法以及深度等方面的异同。

拓展阅读

[1] Cutcliffe S H, Post R C. In context: History and the history of technology: Essays in honor of Melvin Kranzberg[M]. Bethlehem: Lehigh University Press, 1989.

[2] Fagerberg J, Mowery D C, Nelson R R. The Oxford Handbook of Innovation[M]. Oxford: Oxford University Press, 2005.

[3] Gilfillan S C. The Sociology of Invention[M]. New York: MIT Press, 1969.

[4] Lundvall B Å. National systems of innovation: Toward a theory of innovation and interactive learning[M]. London: Pinter, 1992.

[5] Nelson RR. National innovation systems: a comparative analysis[M].

New York：Oxford University Press，1993.

[6] Schmookler J. Invention and economic growth[M]. Cambridge：Harvard University Press，1966.

[7] 姜振寰. 技术史理论与传统工艺[M]. 北京:中国科学技术出版社,2012.

[8] 自然科学史研究所. 中国古代科技成就[M]. 北京:中国青年出版社, 1978.

[9] 李约瑟. 中国科学技术史:第2卷,科学思想史[M]. 何兆武,译. 北京:科学出版社,2018.

[10] 王前,金福. 中国技术思想史论[M]. 北京:科学出版社,2004.

5 技术史研究的多元理论

5.1 技术决定论

在技术研究中,决定论的立场独树一帜。对此,较为极端的观点是,技术决定论可能意味着自主技术决定着整个社会的发展。另外,较为折中的观点是,技术影响了社会发展,因此技术对社会具有重要影响。如今,几乎无人赞同这个极端的观点。而这个较为折中的说法得到了广泛认可。二者有着一定的差别。

技术具有全面有效性的思想,在启蒙运动中被提出,在当时被视为是一种进步的思想。技术可以看作进步的基本要素,它是历史长河的必经之路。与之相反的是文化评论家的观点,他们将历史解释为一个没落和衰败的过程。特别是自20世纪80年代以来,社会学技术研究与历史学技术的基本解释大相径庭。相反,社会学强调了技术发展的社会可塑性和可控性。然而在此过程中,他们通过设计扭曲的技术决定论形象,或用同样激进的社会决定论取代激进的技术决定论,从而部分研究偏离了目标。"技术决定论"被贴上了歧视性标签,不再允许针对不同立场进行区别性讨论。

遗传学或法理学角度的技术决定论和结果决定论之间的区别,以及对技术的特殊性或一般性影响的解释,有助于对技术决定论理想地进行区分研究。遗传学或法理学技术决定论通过诸如自主性、自我指称性、规律性或技术发展的内部逻辑之类的术语来表达观点。这可能意味着技术发展不受社会文化影响,而是遵循一个技术和社会发展的内在规律。这样的观点存在的问题是,它有着一个容易让人忽视的前提。实际上,如果没有自然界或神造论的技术形而上学基础,遗传技术决定论就很难成立。此外,人们忽视了技术为自身和社会进一步的发展,提供了不是一种而是多种的可能性。

如果人们将技术理解为一种现象,那就说明,技术并不是一切,只是有着某些可能性,因此,随之得来的结果决定论会产生更大的收益。一方面,每种新技术都有技术要求;另一方面,又开辟了其他某些技术的可行性。如果没有电与磁之间存在联系的知识,没有金属导体,就很难创造出电动机。电动机又在运输工具或是机器驱动的众多新应用中起着重要作用。一个技术领域的创新也可以使另一个领域的创新受益。产品创新需要过程创新,反之亦然。在大型技术系统中,更改一个要素可能需要调整另一些要素。

因此,可以说技术开发的内部逻辑的前提是不误解技术开发。内部技术逻辑的先驱们可以向我们展示大多数创新的增量和多项发明并行的现象。这些例子表明,新技术始于旧技术的革新。在这种情况下,仅仅让内部逻辑与发明关联,限制社会对技术产品创新和传播阶段的影响,这个建议并没有说服力。一方面,它忽略了发明人对后期阶段的预期;另一方面,它也忽视了产品在开发和传播过程中,是需要经受考验的。因此,只要对它们进行正确的解释,由许多技术史学家创造的机器和机器操作过程的技术谱系绝对具有技术理论意义,它们没有记录技术开发的合理过程,而是记录了在技术上可能的偶然发展。这也间接标志着技术社会建设的局限性。

与遗传学或法理学相比,技术结果决定论采用了更为温和的方法。它指出,技术会产生一些后果,或者换句话说,技术会带来一些影响。这可能涉及技术影响(前面已经讨论过)或社会和文化影响。出乎意料的后果尤其应当重视,它们很难归纳到有意的行动模型中。人们必须参考相应技术的特性。在上述情况下,技术是社会文化发展的必要条件,但不是充分条件。

此外,技术扩展了参与者的行动选择,但也限制了他们。“实体约束”一词经常用于此目的。实际上,技术并不是强制性的,而是改变了行动的条件。例如,将飞机作为运输工具会带来很多限制。但是,在某些情况下,可以采用其他运输方式,也可以放弃出行。街道上通行的汽车越来越多,这阻碍了街上的游戏活动,但人们仍留出了替代解决方案,例如在广场或专门用于活动的街道上进行游戏活动。

显而易见的“实体约束”往往掩盖了“社会约束”。技术研究中最普遍的例子是“罗伯特·摩西的桥梁”,尽管它的经验内容是不对的。它指的是,纽约市议员罗伯特·摩西(Robert Moses)在20世纪30年代就采用了这样一种技术,在长岛上故意把桥梁建得很低,以致公共巴士无法行驶。这样,摩西为富人保留了岛上的公园和海滩。依靠公交车来往两地的人无法接近他们。低桥的这个假定的实体约束,本质上是种族主义的社会政治约束。

对"实体约束"一词更笼统的说明涉及生产和消费之间的联系。在制造过程中,产品将配备一个供货单,内容或多或少由消费者提交,但是,这种所谓的对物的支配实际上是"实物生产者的秘密统治"。这不一定是生产者的意图,而是劳动分工的附加作用。消费者通过外部渠道的消息,购买了与该技术相关的扩展的操作方式,然后可以长期模仿这一操作,至于该技术的来源,不再有人关注。该描述来自罗珀尔,对"实体约束"的去神秘化具有指导意义。但是,生产与消费之间的影响的单向关联图,必须发展为交互模型。

那么,技术有何影响,在这里,可以分为特殊技术影响和一般技术影响之间的区别。特殊条件下两者几乎没有差异。任何技术都会或多或少地对技术环境、社会环境或文化环境产生影响。但是,详细地说,很难将影响明确地归因于技术实体系统的结构和功能特性,或者归因于社会起源、使用环境。

另一方面,对于技术的总体效果,人们有着不同的看法。有人认为,整体技术已成为最重要的社会建设力量。汉斯·弗赖尔(Hans Freyer)、雅克·埃卢尔(Jacques Ellul)和兰登·温纳(Langdon Winner)的一些相应理论指出了一个"技术"和"技术化"社会的存在。"它有着合理的、以效率为导向的社会结构,物质上和思想上受技术的深刻影响,由技术、技术类别和(技术上简化的)进步概念主导,并能引起人们对功能性和扩展性技术系统的生存依赖,这种依赖性因实体约束产生,需要不断注入新的适应能力。"根据乌尔里希·特乌什(Ulrich Teusch)的观点,这种说法与将技术解释为一种社会现象并不矛盾。然而在其中,社会的技术层面主导着社会其他层面,这种现象对应的术语是"社会的技术化"。由于其天生固有的动态性,技术化过程可能会失控,然后进一步自我发展。"毫无疑问,技术系统是人类行动的结果(无论是否是预期的结果),但它作为一个整体,作为一个过程,不受任何人操控、掌握或控制;它也没有自我调节行为的能力。"

是否应该把这种观点贴上"技术决定论"一词的标签,仍有待商榷。它描绘了一种偶然的、面向未来的社会技术动力,这也是最终人类历史的普遍过程。人类的发展始终与不可操控、不可掌握、不可控制的技术发展交织在一起。历史过程中发生的变化,是人类对自然有着实施行为的能力,这种能力已经在人们的意识中扎根。在近现代,人们感受到对自然的依赖和来自自然的威胁。技术发展主要是为了确保且扩大人类采取行动的机会。在现代,自然似乎在很大程度上被人类驯化。然而,技术被认为是矛盾的,一方面它是对高文化水平的保证,另一方面又有着对社会和文化完整性的威胁。像弗赖尔这样的文化评论家提出了"技术势在必行"的论点:人们尽全力实现他们在技术上有能力做到的一切。

总而言之,"技术决定论"一词需要更精确的定义。而精确定义的难点在于,人和社会与技术交织在一起,就像技术与人和社会交织在一起一样。因此,在进行分析的时候,需要把技术和社会分离开。这种分析时的区分很有意义,因为这样可以进一步拓展解释范围。在史学家眼里,"技术决定论"的价值取决于观察者的视角。在微观层面,技术发展很容易从技术参与者以及参与者的操作中获得,但是这也不能把技术带来的影响排除在外。然而,在宏观层面,没有最终植根于历史哲学解释中的结构性解释是行不通的。技术是人类历史上不可或缺的结构性解释因素。

5.2　技术评估和技术起源

技术决定论(无论是极端的观点还是折中的观点)基于技术影响而存在。试图确定技术发展影响的尝试,可以追溯到很久以前,但是到如今这种影响已经显著增加了。反思技术后果和技术控制的思想形成于17~18世纪,彼时科学革命和启蒙运动兴起,孕育了"世界可以被创造的信念"。在20世纪,探索技术未来及其社会影响的系统方法被开发了。

自20世纪70年代以来,对技术影响的评估、技术评估和技术评估方法得到了进一步的提升。而在这个时代背景里,人们对技术发展最终将产生积极成果的信念已经丧失。这种决定性转变来自生态危机,人们对于技术进步和经济增长带来的环境损害和破坏有了认识。在将来,人们的意图是希望从一开始就知道技术开发的负面影响以及如何应对这些负面影响。

对进步信念的丧失,以及生态危机激起了更多社会技术讨论和社会学技术研究,导致政治决策机构将技术评估制度化。1972年,美国国会成立了技术评估办公室(OTA),对此高度关注。不久之后,德国联邦议院等机构也开始了政治讨论。在这里,德国花费了近20年的时间,直到1990~1993年才完成了技术评估的体制化,而大洋彼岸美国的OTA则在1995年关闭。

不管技术评估制度化有何问题,技术评估至今仍有政治意义、公共意义和科学价值。这已经表明,技术影响评估或技术评估是一个具有广泛要求和规范的概念。从最广义上讲,它可以理解为有关技术发展的公开论述,一般而言是关于我们如何在未来生活的问题。从狭义上讲,它是一种具有前瞻性的努力,系统性地运用了科学方法,与技术社会的发展有关。在广义和狭义的中间水平上,对科学结果的处理是政治决策的基础。因此,技术评估必须既是描述性的又是规范性的。它适用于科学论点,但也涉及价值和利益。它可以合法化,也可以用来批评技术和技术政策项目。

技术评估过程可以归纳为以下步骤:

(1) 对技术发展的前瞻性分析;

(2) 评估这些技术发展对环境和社会的影响;

(3) 评估与社会目标、社会制度有关的影响;

(4) 确定采取行动的方式,必要时给出社会机构、政治机构和经济机构采取行动的建议。

现在,技术评估已经为计划实施提供了令人印象深刻的方法。剩下的问题是如何充分体现不同的价值观和政治立场,只能在有限范围内预测未来。除其他事项外,技术评估在预想未来时还应考虑到,如何合理应对历史的公开性和技术行动的价值。

面向未来的技术影响评估或技术评估,在以过去为导向的技术史中,可能会引起什么兴趣,这是一个问题。技术影响评估和技术评估的共同之处在于,二者都涉及技术变革及其社会影响。技术带来的影响,是技术史上的经典主题。在历史作品中,未来总是以两种方式出现——作为各个当代人未知的未来，以及作为历史学家已知的回顾性内容之一。

早在20世纪70年代，将"未来"在技术史上的这种双重存在形式，为技术评估工作带来收获这样的想法就已在美国出现。从而产生了"回顾性技术评估"的概念。历史学家检查了技术的发展及其对环境和社会的影响，并将其与当代人的期望进行了对比。这样的历史调查是否真的能够如希望的那样，成为丰富技术评估的方法手段，还有待观察。至少"回顾性技术评估"使技术研究人员对未来的问题和局限性有了敏感度。另一方面，技术评估着重提醒了技术史学家，技术带来的影响是历史研究的主题。

在20世纪80年代，有人对技术评估的概念提出了理论上和实践上的批判观点。激进的建构主义，把技术影响视为一种技术决定论，从根本上表示拒绝。适度的建构主义之所以不得民心，是因为它对技术的政治控制几乎没有余地。技术影响评估假定该技术基本上已经完成，并把解决其不良后果纳入修理厂的职能。因此，这种批评标志着技术评估所处的基本困境，如果从技术开发的早期阶段就开始进行调查，后果将是不确定的。如果调查时间较晚，则该技术几乎无法更改。技术评估以两种方式回应了这种建设性的批评：第一，技术评估越来越遵循规范的评估方法，这些方法基于社会目标，并试图找到最适合用来实现这些目标的技术。第二，技术影响评估越来越流程化，研究工作应在新技术的开发阶段尽早开始，并在技术开发的同时进行修订和更新。

技术起源的概念在20世纪80年代的联邦德国出现，它作为对技术影响评估的一种反馈和批评，从"技术的社会建设"方法中吸收了一些建议，并试图公正对待技术控制的政治主张。技术的起源，是针对创新过程的一个整体观点,其实证工作集中在于开发阶段。在该阶段,技术起源的概念仍有可塑性。该概念的具体化,主要发生在历史案例研究的微观层面。

作者们以当时技术社会学里特别详细的方式,来处理技术结构和功能。但是,技术的发展主要被视为由权力和利益决定的谈判过程,结构方面得到的关注较少。技术史批评家指责技术的起源,不恰当地处理历史上各种技术限制("技术自愿主义"),忽视了经济状况("经济盲目")。

技术评估和技术起源在这里被认为是合法却单一的概念。在技术的起源中,人们专注于创新的早期阶段,并且将技术解释为决定因素。在最初的技术评估中,人们专注于创新的后期阶段,并将技术解释为决定因素的一部分。把这两种方法结合在一起,可以为整体的技术研究提供良策。

5.3   技术的社会建设

荷兰技术社会学家韦伯·比克(Wiebe E. Bijker)和英国科学社会学家崔佛·平奇(Trevor J. Pinch)等提出的"技术社会建构"(SCOT)概念有着特殊的渊源,它是从自然科学方法向技术转移的。

19世纪70年代,科学社会学家们在爱丁堡大学和巴斯大学制定了一项计划,将自然科学看作一家具有社会历史意义的公司。他们并不关心从前一直以理论工作重点的科学真理或有效性问题,而是关心科学工作的过程。他们以相同的方式(对称原理)判断科学陈述的对与错。在案例研究中,他们探讨的是科学家小组如何解释不同的实验结果并达成共识,发表研究结果的出版物应包括哪些数据且以何种方式发表。调查集中在较小的科学工作组,因为在较大的科学界内部调查容易发生相互影响。社会对科学的影响很少被人讨论,但被命名为"desiderata",以便进一步研究。

平奇为巴斯大学的科学社会建设概念的发展做出了贡献。通过与比克的合作,他有了科学概念的灵感,也使比克则学到了关于技术社会和技术史的知识。两人合作的第一篇纲领性论文发表于1984年,将科学的社会建构概念几乎一一对应地转移到了技术上。平奇以太阳物理学举例,比克则以自行车举例。这篇论文包含了一系列关于科学与技术的类比。"科学事实"和"技术文物"都被视为社会建构。技术开发的多样性对应科学实验结果的多种可能性。对待失败的和成功的技术创新,应该像对待错误的或正确的科学理论一样。

但是,两位作者面对涉及社会群体的主题时,在观点上存在着细微差异。科学社会学工作主要处理科学中的"核心要素",而比克强调的却是参与技术开发的大量相关群体。"相关的社会群体是由对技术有相同意义的个体构成的集合。"术语"解释的灵活性"和"封闭"也是从科学的社会建构中借用的。一方面,"解释的灵活性"意味着使用相同材料的技术,意义的归属却有所不同。例如,前轮大后轮小的老式自行车,对运动型年轻人来说是"具有男子气概的自行车",但对老年人和妇女来说则是不安全的自行车。另一方面,"解释的灵活性"也指截然不同的自行车结构。"封闭"是指封闭科学或技术发展的过程,"封闭"一词在科学和技术两个领域意义稍有不同。在科学中,它通常以修辞形式出现,往往是反对者的劝说说辞；在技术上，它是对问题的重新定义。对于技术和科学而言，两者都有必要扩大研究范围。代表这一观点的文章数量相当可观，但就内容而言，激起民众不少批判和拒绝的声音。在过去的十年中，出现了数十篇篇幅较长的重要文章，比克和平奇对这些文章进行了反驳，对概念做出修改。然后，反对的声音渐渐平息了。笔者认为，在这里仅需要简要地列出一些重要的反对意见。

这个概念从科学到技术的转移需要详细的解释。但是，为了让众多批评家接受这个概念，比克和平奇以一种不太能服众的方式，打了一个擦边球，回避了这项任务。他们提醒大家注意科学与技术之间的众多差异，这些差异导致概念不易转移。最普遍的反对意见认为，科学社会建设的概念，易于在科学研究中展开丰富的讨论。在自然科学中广为流传的观念是自然界的合理秩序不可改变，它们正在等待被科学家"发现"，因此科学结果不受社会影响。

评论家认为，对于技术而言，这只是老生常谈。他们认为技术只能作为把人社会化的工具来理解，从来没有其他解释。因此，比克和平奇只能为这个普遍的基本概念创造出一个新名词。这个反技术的观念，已经被纳入技术术语"建构"这个隐喻中。实际上，这种对自然科学的隐喻，是对自然主义的挑衅，对技术而言，却是与社会建构主义纲领相矛盾的技术主义。

比克和平奇的批判者发现，很难确定"相关的社会群体"。因此，警告这个或那个不足，就显得没什么意义了。更重要的是，确定社会群体和技术方面的循环性。因为一方面群体通过意义的归属"构建"技术；另一方面，群体也是由这种意义的归属构成的。用逻辑性的语言表达，就是指产生原因的后果,同时也是产生后果的原因。一位社会学家抱怨说,社会建构主义者的利益以"封闭"(即技术发展的封闭)为结束的标志,他们集中精力于技术的发展和技术的发展阶段,却忽视了与社会关系最紧密的传播扩散阶段。

这一概念最初仅涉及技术发展的微观和中观层面,也就是涉及人和群体,社会的宏观层面被忽略了。同样,人们关注的焦点是人工制品而不是更复杂的技术系统。批评者猜测,简单的人工制品比复杂混乱的系统配置更容易引起争议。技术的社会建构作为进行案例研究的一种合理机构和操作指示发生作用。然而,这一批判和任何结构性的观点无关。

社会建构主义将自己与技术决定论明确、贸然地区分开,却没有参透它丰富的含义。这意味着,相对于具体的实施,技术作为社会发展的决定因素(同时也是技术发展的决定因素)并没有受到关注。相反,技术的主导者假定,技术在社会上有着很大程度的社会可塑性,这招致了人们对社会简化主义、决定论和自愿主义的指责。

技术的社会建构是作为社会学概念而非历史概念出现的。它的研究的代表者虽忙于历史案例研究,但把案例发生的时间视为一种无历史的当下。他们同时扮演着相关的社会团体这一角色,就好像没有任何社会或技术传统影响他们的行动和行动的可能性。技术史学家想必发现了这一概念的差强人意。反对者的观点长期以来有着许多版本,就像马克思的著名格言一样:"人们创造自己的历史,但不是在自己选择的情况下,并非出于个人意志,而是在立即发生、给予和传承的情况下。所有前人的传统堆起来,就像是生命的大脑上的阿尔卑斯山。"这句话表明,人类是如何将传统本身作为前人的遗产而引入行动密集型的社会建设概念中的。

　　比克和平奇对大量的批评做出了很多回应。他们接受了许多批评，并根据它们逐渐修改了他们的概念。这一修改过程一定程度上在比克于1995年撰写的著作《自行车，电木和灯泡》中有迹可循。下面主要根据本书概述"技术的社会建构"的概念，并加以修改和润色。我们必须清楚地知道，它的缺点是，它以一种有问题的方式，将概念性想法和案例研究联系在一起。早期的研究中，选用的案例研究只是说明了该概念的各个方面。从结果来看，这意味着到目前为止，该概念在该书或其他任何地方都没有得到完整的举例说明。《自行车，电木和灯泡》提供了对"相关社会群体"的更全面的描述，其中包括了技术的生产者、销售者和消费者。该书提到，这些团体在技术发展过程中并不保持稳定，他们进行了改革，并且出现了新的团体。其中较长的一个章节主要为福柯权力概念的讨论所激发，着重讲述所涉参与者群体的定义和行动。封闭现象变得更加灵活，封闭不再一定会终结技术的发展，而是可以被再次打破，技术的形态将重获新生。

　　比克将参与者与"技术框架"的术语放在一个更大的范围内。他将"技术框架"描述为一个组合，由明确的理论、隐性知识、一般工程实践、文化价值、规定的测试程序、设备、材料网络和社区系统组成。"技术框架"是基于群体及其相互作用而开发的。参与者可以同时隶属于多个"框架"（Inclusion），并且每个"框架"具有不同的集成度。在这一概念的早期版本中，"框架"几乎不能解释为相对独立于角色的结构。然而，在《自行车，电木和灯泡》一书中，比克引用了安东尼·吉登斯（Anthony Giddens）的观点，采取了艺术性的转折，并将"框架"描述为是一种能够实现技术操作和限制技术行为的结构。

此外,比克引入了新的术语"技术社会合奏"。"社会技术合奏"指的是技术研究对象,即社会和技术。两者之间有着千丝万缕的联系,并以"共同进化"的形式发展。随着比克这一概念的扩展,社会建构主义和技术决定论之间或将得到调和。

因此,对"社会技术建构"的阐述有了一个令人咋舌的结局,在一开始反对占上风的所谓的技术决定论和社会建构主义的优越概念之后,比克最终以一个没有充分阐述的结合体而画上句号。它是"社会技术建构"的进一步发展,还是一个被忽略的概念,取决于读者。无论如何,《自行车,电木和灯泡》中的模型仍然暴露出缺陷。参与者和结构之间的地位和待遇存在巨大的不平衡。而且,"技术框架"的概念不仅代表模型中的一般结构,还代表技术,代表历史传统,其概念过于分散,以致无法承受对其施加的巨大负担。

今天"技术社会建构"这个概念的意义何在?这个概念可以被理解为一种警示,提醒人们要详细研究单个技术的复杂社会起源。比克本着这种精神,后来撤回了对这一概念的理论主张,并将其描述为启发式原则。对于日后的案例研究来说,它仍是有参考价值的。

技术社会建构的重要性,对于技术发展的重要理论而言更为重要。现有的理论文献不容忽视,它们吸取了持续20多年的建构过程的经验,在建筑物筑成之后,经历了无数次扩建和改造,插入了其他中心建筑构件。在建筑师认为建筑物不合适之后,是否有必要将其完全拆除再重新建造,还有待观察。

这一概念的缺陷,并没有妨碍英美技术史将技术的社会建构用作部分理论基础。相比之下,德国技术史和技术社会学对这一概念的保留和接受,态度更为保守。只有更深入地进行比较科学研究,才能解释这些差异。

5.4   技术和社会之间的调解

在后来与"技术社会建绝"相关的文献中,人们提出了一个任务,要让技术与社会达到更平衡的关联状态,但是为此而提出的"社会技术合奏"一词,却没有达到这个效果。实际上,人们可以利用技术与社会之间的联系,看到技术史上的核心问题,以及进行人文科学和社会科学技术研究。这里存在一个基本的难点是,技术与社会代表着一种不可分割的共生关系,没有社会就没有技术,没有技术就没有社会。但是,我们可以轻松地区分无生命的技术和有生命的社会。

一方面,处理技术与社会之间关系的理论方法,应通过分析区分技术与社会之间的区别来进行;但另一方面,我们同时也应密切关注两者之间的共生联系。下面提出了或多或少能实践这一点的概念:"路径依赖""动量""大型技术系统""网络"和"结构角色理论"。顺带讨论了诸如"无缝网络""混合"和"行动者"(以行动者网络理论为背景)之类的术语。其中一些是隐喻,突显了技术、人、社会之间不可分割的联系;其中的某些术语,还从原则上质疑了分析区别的必要性和价值。

5.4.1 路径依赖和动量

术语"路径依赖""轨迹"和"动量"强调传统的历史有效性,包括技术传统的历史有效性。一旦建立起结构,它通常具有惊人的持久性,至少会影响进一步的发展。

其中,"路径相关性"的概念可能是运用最广泛的。自20世纪70年代末以来,该词就出现在经济学家理查德·纳尔逊(Richard Nelson),悉尼·G.温特(Sydney G. Winter)和乔瓦尼·多西的著作中。他们使用的术语"轨迹"和"制度",在很大程度上与"路径依赖"同义,这些术语主要与技术发展有关,但也可以用在别处,并非只针对认知。纳尔逊、温特和多西用"路径依赖"和其他术语来形容在一个公司和整个行业中,可用的知识和经验对进一步技术发展的影响,他们把一般轨迹和特殊轨迹或体制区分开。例如,"一般轨迹"追求更高性能,影响了更大范围的技术领域。"特殊轨迹"是类似于飞机模型DC-3的技术实现,为航空或其他技术领域的进一步发展设定了标准。这种特殊轨迹的最著名案例是打字机上的QWERTZ键盘。它被发明于1870年左右,如今仍存在于每台电脑上。

在经济史、管理学、技术史以及社会史中,"路径依赖"的概念和"路径"一词都与养老金制度有关,理论上可以做以下强调:"路径"是以历史偶然的方式创建的,同时,技术发展的多种原因会产生共同作用,包括人的需求、客户需求、公司的市场力量、政治决策以及特殊情况,如战争、现有的知识和技能、技术开发逻辑等。因此，可能会发生的情况是，"路径"并不是技术经济上的最佳选择。此外，"路径"的功能性和经济性会随时间而变化。例如，今天，大多数国家铁路公司，不再选择与20世纪初电气化时代相同的电流、电压和频率。

　　"路径"可以指导开发，但也并非唯一，因此可以再次使用同一路径，或许有一个更好的方法，即采用新路径。但是，离开路径或创建新路径通常需要付出很大的努力。因为它会使投资于旧路径的资金贬值，需要新的投资，与经济利益和思想取向有关。换句话说，当选择离开一个路径时，必须启动并实施重大的结构变更。

　　19世纪90年代初，由技术社会学家梅诺夫·迪尔克斯（Meinolf Dierkes）领导的工作小组将"模式"一词下的"路径"和"轨迹"概念，从更偏向经济的环境转移到了更偏向社会的环境，并力求使其对技术控制产生效果。该工作小组经过规范的要求，扩展了路径的描述解释方式。迪尔克斯和他的同事们，将"指导模式"理解为"意义的假借"或"具有高度约束力和集体投射力的协议"。这种"指导模式"的例子有"大众汽车""人工智能"或新能源，它们不仅适用于让大众为新发展做准备，又可以设定研究和开发的目标。这些"指导模式"尤其在技术开发的早期阶段就已发挥作用，但在该阶段仍可以最轻松地对技术塑形。有了这些"指导模式"，在对研究经费或法律要求的结果不满意之后，将实现"软"技术控制。

　　这一做法也产生了批评的声音，使人们对"指导模式"的表现表示怀疑。如果要让它们对技术设计进行整体指导，从公众的态度到研究与开发，这个要求太高了。此外，"指导模式"一词进一步夸大了"路径依赖"和"轨迹"原始概念中已经包含的理想的技术解释。该术语最初来自心理学，并从那里渗透到其他的科学领域。托马斯·S. 库恩（Thomas S. Kuhn）在《范式》（《Paradigma》）一书的翻译中，用到了这个词，从此它进入了技术研究的领域。它的语义与认知主义和理想主义的有渊源，最适合描述技术发展的某些方面。

在"动量"一词的帮助下，技术史学家托马斯·P. 休斯首先描述了20世纪60年代末德国重化学工业的特殊方向。德国化工公司，特别是巴斯夫（Basf），在高压、高温和催化过程的技术具有特别的优势。因此，诞生了哈伯法（Haber-Bosch）工艺、甲醇合成和煤加氢等工艺。术语"动量"源自物理学，用于描述确定物体运动轨迹（Trajectory）的动力。

"动量"是上面提到的最古老的概念，但是，它的发现远没有"路径依赖"那么广泛，并且仍然在很大程度上限制了技术史，尤其是美国的技术史。此外，众所周知的是，主要研究技术史的美国历史学家丹尼尔·J. 布斯汀（Daniel J. Boorstin）用"动量"来描述大规模项目的势头，例如建造原子弹或登月。

休斯担任《技术的社会建构》（《Social Construction of Technology》）的著作人之一，但后来又远离了社会建构主义概念，他提出把"动量"作为社会建构主义与技术决定论之间的中间立场。"动量"一词来自社会技术系统，从一开始就将社会和技术结合在一起。举一个关于供电系统的例子，休斯将"动量"与技术发展的各个阶段联系了起来。在早期阶段，供电系统主要受环境影响；在后期阶段，这些系统展现了它们的"动量"，并更多地对环境产生影响。"动量"的出现和影响，可能取决于外部影响，例如，在第一次世界大战期间，出于军备目的膨胀了电力供应系统，战争结束后，为了"寻找问题的解决方案"开始寻找电力供应系统的其他使用方式。

毫无疑问,"路径""轨迹""制度""任务说明""动量"等术语引起人们注意的是技术发展的一种重要现象,包括社会技术系统及其所包含的技术解决方案的持久性和有效性。与许多其他概念一样,人们对这些概念的批评,可能基于它所使用的隐喻的语义和内涵,如一些讨论者排斥"轨迹"一词,视它为过于机械的类比。实际上,该术语暗示着,一旦一项技术被启动,它就不再能够被操纵和改变,而是要遵循其预定的路径。针对休斯的"动量"也可以提出另外一个类似的反对论点。术语"路径"和"路径相关性"意味着,只需要遵循一条路径。那么问题来了,路径由谁创建?"体制"一词将权力的维度放在首位,"指导模式"则隐含着对技术理想主义的解释。也许由于这些词具有语义上的弱点,应以"传统"或"结构"等更为中性的术语,来证明要展示的技术发展模式。

5.4.2   技术系统和技术网络的规模

"系统"这一术语在科学界无处不在,但人们的理解却截然不同。此处仅列举两个突出的、截然相反的例子:对于尼古拉斯·卢曼(Niklas Luhmann)而言,"系统"这个充斥着不确定性的隐喻,是他社会理论中的核心概念之一。而罗珀尔认为,"系统"是他的技术理论中措辞严谨的中心概念之一。"系统"这个术语随处可见。因为"系统"可以作为万能钥匙一般的描述词来使用,因此只需要考虑以下几点:"系统"应与它的周围环境区分开。它通常以其要素或子系统以及它们之间的关系或关系形式表示。

"系统"通常用于复杂的技术,但这意味着,即使最简单的技术也可以用"系统"描述。"系统"这一概念是通过伯特兰·吉尔斯（Bertrand Gilles）和休斯的著作进入技术历史的,吉尔斯使用系统的概念来描述前工业技术与工业技术之间的差异,休斯则使用这个概念描述了由技术、公司、创新者等组成的电力供应的社会技术系统。

休斯在《权力的网络》（《Networks of Power》）一书中,成功地提出了德国社会学的一个单独的研究方向——"大型技术系统"（Large technological systems）。这个研究方向的最初重心是工业化时代的大型基础设施系统,如铁路、电报或电话。后期,它还包括更多的社会组织系统。历史学家约阿希姆·拉德考（Joachim Radkau）还把"大型技术系统"一词用于描述古代文明和古典时期文明。

在如此广泛的应用范围内,"大型技术系统"一词的含义有所不同,也就不足为奇了。许多使用"大型技术网络"的代表人非常重视系统的大规模扩展和实体技术网络,因此削减了"大型技术产物",如发电厂、机场和生产设施。他们列出了"系统"的更多特征:资本密度、公共部门的作用、技术不可分割性、位置限制和寿命……针对大型技术系统的规范结构,拥有自己的专业知识库和知识基础,"独立的"正式组织,总体上有着宏大的经济意义以及存在特定的合法性主张。

不论参与者的意图如何,"大型技术系统"都被认为是势不可挡的,经证明,它呈发展趋势且难以撤除。"大型技术系统"的运作,很大程度需要有科学的专业性支撑。但是,由于技术系统的复杂性,人们只能在有限的范围内对其进行控制,因此,也应预先考虑突发状况的对策。

"大型技术系统"的分类,还没有取得很大成果。除了经典的基础结构网络系统之外,还会有从现有基础结构系统抽出的一部分用于新目的。

例如,为器官移植开发的系统,使用的就是现有的通信和运输网络。另一个建议指出了系统元素耦合程度的差异。这种差异在铁路上出现的概率比在汽车交通上出现的概率低。

迄今为止,尚未被充分讨论的一个中心问题是"大型技术系统"相对于其他技术是否有质量差异,或者它们仅有大小上的差异?与此相关的具体信息,最有可能在具有可观空间扩展性的物联网基础架构系统中找到。今天,所有的技术活动都直接或间接地使用这样的网络。因此,如果进一步使用"大型技术系统"一词,则整个技术可能会被描述为"大型技术系统"。在研究中,人们很少反思是否要将"大型技术系统"视为一种描述模型,或者假设它是一种物理现实或社会现实。如有必要,可以完全放弃使用"大型技术系统"的概念,而完全赞成使用网络的概念。技术术语"网"或"网络"是指由动物或人相互连接的螺纹式扁平结构,螺纹的连接点和交叉点通常称为结,例如蜘蛛网或渔网。技术网络的形状有所不同,有星形、树形、环形、格子形或几何形状不确定的网络。最后,我们还可以区分以铁路为代表的物理网络与以空路为代表的虚拟网络。

自19世纪60年代以来,"网络"一词在社会学领域蓬勃发展。它脱离了简单的线性关系(可能是层次关系)的概念,用于指代复杂的非层次关系。充满不确定性的"网络",如"水平,非等级,复杂,非线性,开放,互动,分散,灵活和灵活,参与性和多元化,这一隐喻引起了人们的诸多遐想"。互联网的成功进一步推动了网络的使用频率。在技术史上,休斯的《权力的网络》(《Networks of Power》)一书的畅销,也为"网络"在技术史上的发展起到了作用。

因此,"网络"可能有着许多含义:物质或虚拟的实体技术网络结构,如果涉及技术的生产者和消费者,也可以被称为社会技术网络;在经济学中,产业内的供应关系可以被视为网络;社会学工作将人和机构两者联系起来,他们之间的关系也可被视为网络。以上这些归类方法的优点在于,它们能够恰当考虑到现代社会(包括技术)的相互依赖性。但是,语言上不确定的隐喻用法(在科学工作中也很普遍)需要理论上的澄清。

自19世纪80年代以来,布鲁诺·拉图尔(Bruno Latour)、米歇尔·卡伦(Michel Callon)和约翰·劳(John Law)等作者所提出的"行动者网络理论"(Actor Network Theory,简称ANT),使"网络"一词更容易被混淆。包括技术史学家在内的一些技术研究人员发现"行动者网络理论"很有吸引力,因为它承诺对社会和技术进行平等对待。在互联网上,人和机器被平等地赋予了行动者身份。技术似乎成了一个独立的要素,在一定程度上与社会建构主义相对立。

最初,ANT主要针对一般的社会理论。在背离传统科学的过程中(人们有时将其理解为对科学的"一般性攻击")而这又背离了传统。这种背离传统从原则上是对分析性区分的拒绝,例如区分人与物,物与物,物与意义以及观察对象与被观察对象。网络内部的不可区分性由诸如"混合""无缝网"或"异质性"之类的术语标记。这一概念的支持者们在案例研究中大量使用了细微的分析差异,这与他们的纲领声明形成鲜明对比,技术史学家对此不太能接受。但也没有别的可能性,因为我们的语言至少构成了一个由这些区别组成的集合。布鲁诺·拉图尔传播了一种非分析性语言的发展,以此来摆脱这种困境。

最终的结果是,ANT发展成为一种组织网络的形而上学。"自组织""交互""流通""转化"和"翻译"之类的术语,代表着网络中不断发生的动态变化。此外,拉图尔为该概念的进一步发展制定了动态不确定性原则:"一旦……我们抛开了ANT中错误的部分,即'行动者''网络''理论',还有不要忘记相关联性! 之后可能会出现另一个生物,明亮而美丽,那就是我们未来的集体成就。"随后,拉图尔一直在推广ANT,作为一种涉及本地人与物的"链接""集合""关联""描述"的方法。可以预见的是,这种经过修改后的解释将对那些没有理论基础的微观研究的技术史学家更加具有吸引力。

5.4.3   结构-角色-理论

显然,拉图尔避免了误解。ANT可以为社会学中结构与行动之间张力的消解做贡献,因此拉图尔提到了两种重要的社会学理论传统,即行动理论和结构理论。行动理论的运行方式是社会通过人、团体和机构之间的相互作用而产生的;而结构理论的运行方式是社会通过结构规模的相互碰撞而产生的。理论上,行动理论方法更适合于描述社会的微观和中观层面,而结构理论方法更适合于描述社会的整体性。

在历史学中,我们可以发现事件史和结构史这两种社会学理论传统。事件史主要将历史描述为一系列行动。在经典的政治史中,它们主要是当权者、将军和外交官的行动。按照这种模式,工程师的早期工程史集中于发明家和创新者。在没有完全遗漏事件史及其主题的情况下,结构史关注的是历史综合体,如人与自然、文明、社会、国家和经济形式之间的关系。结构史首次纳入相关的学校教育是第二次世界大战前后,在法国的

"编年史",如联邦德国韦尔纳·康兹(Werner Conze)的结构史,和后来汉斯-乌尔里希·韦勒(Hans-Ulrich Wehler)的历史社会学中出现的。

结构角色理论试图在角色方法和结构方法之间进行调解。他们对历史的谬论做出了回应。历史变化是由个人的行动引起的,但是整个历史过程仍然是匿名的、不可预测且不可控制的事件。角色和结构的调解是必要的,因为结构会回归到角色的动作,而动作在结构内发生。

当下社会学里的结构角色方法论通常参考安东尼·吉登斯的基础著作《社会宪法》。吉登斯将社会实践描述为行动和结构的二元性,但是他没有将行动和结构一视同仁。然而,正是这些行动,以制度化的形式构成了社会。因此,吉登斯提出的个人主义并不是依赖于个人行动,而是基于超个人行动或行动发出者之间的社会关系。

在吉登斯看来,一方面,行动构成了结构;另一方面,行动与结构联系在一起。结构作为规则指导行动,呈现了行动的资源。吉登斯将资源分为两种,包括了自然和技术的"分配"(Allocative)和拥有对人的支配权的"权威"(Autorative)。结构既可以实现行动,也可以限制它们。对于吉登斯来说,很重要的一点是,结构不能有实体。因此,他明确拒绝结构性解释。反之,他在理论中——作为结构与行动之间的一个实例——引入了与行动者相关的制度。在一定程度上,符号,政治,经济学和法律等制度构成了结构的制度秩序。

这里有一个关键问题,依据吉登斯的理论,行动优先于结构的优先次序是否能令人信服。这似乎是吉登斯一方面区分"现实"中的行动和机构,另一方面区分"非现实"结构的结果。但是,他忽略了以下事实:行动,机构以及结构并不是现实,而是科学描述和解释模型中的要素。这并不排除,从适度的现实主义行动、机构和结构的角度出发,假定结构有真实存在、但不能直接掌控的实体。

吉登斯的社会结构理论在这里以高度总结的形式提出,排除了许多差异。这其中包括结构与系统之间的区别,结构原理与结构因素之间的区别,结构中"象征性""统治"与"合法性"之间的区别,常规行动、实践行动与反思行动之间的区别。总而言之,吉登斯的"结构理论"描绘了一个相当复杂的蓝图,被称为"理想的概念宇宙"。

吉登斯概念世界的复杂性提出了一个问题,即它是否可以在社会经验描述中或在案例研究中自证。吉登斯没有介绍什么是技术,只是顺便提及了它。到目前为止,能把吉登斯的结构理论运用到技术史上的是一篇关于美国汽车时代伊始,车主与司机之间的社会冲突的文章。该文作者认为,吉登斯的"结构化"比社会建构主义更好地描述了技术用户的行为。最重要的是,他运用了吉登斯的一些概念,例如对行动产生影响的结构规则和资源。例如,生于马车时代的司机,试图将固有的职业行为规则转移到汽车上:他们在车主不知情的情况下把汽车驶出,并将与车库和车主间协商的佣金放进自己的口袋里。在由此产生的冲突中,冲突的两方参与者都利用了自己特有的资源。司机本身将汽车作为一种资源,更确切地说,是他们把操控汽车的技术当作一种资源。而车主最终仰仗自己社会地位这一资源,解决了这一矛盾。并且,他们将维护和修理工作搬到了车厂,从而减少自己了对司机的依赖。

毫无疑问,有关汽车冲突的技术史案例研究具有启发性。但是,该文作者对吉登斯概念的使用非常简单和折中,这也是不容忽视的。实际上他仅引用了行动与结构之间的区别,以及结构上,规则与资源之间的区别。另外,他强调了结构的矛盾性:结构为行动提供了选择,但也限制了它们。尽管吉登斯的结构理论实际上是对社会的解释,但作者并未将案例研究与美国社会技术联系起来。

因此,这个问题仍然存在,公司的技术如何从单独的技术行动中发展起来。还有作者为此提出了"新兴"的概念。技术宏观的发展源于技术微观发展的相互作用。有人解释了什么是"新兴":"当通过宏观层面上的微观相互作用而产生新的质量时,这个新的产物不能从组件的特性中推导出(解释出或形式上衍生出),而仅仅是由组件以及它环境的边界条件相互作用形成。"这里选择的术语,也可以这么理解:"微观发展"转化为"技术行动","边界条件"可以理解为"结构"。然而,迄今为止,自然科学的概念尚未被社会学和历史学沿用。对于技术理论而言,它也过于分散。特别是,它几乎没有提及微观发展的形成,以及微观发展与其边界条件之间的相互作用。

自1990年以来,在沃尔克·施耐德(Volker Schneider)的领导下,科隆的马克斯·普朗克社会科学研究所就出现了对结构-角色-理论的详细阐述。这些论文是彼此独立编写的,最初没有任何对吉登斯概念的认知和引用,从一开始就是以技术为研究对象。在行动者之间运用古典社会学上的区分法,从微观、中观和宏观层面对技术行动进行区分,而科隆的研究所则主要集中在社会制度的中观层面。关于结构,我们用的是不同的术语,但是在内容方面有很大的交集。

施耐德列出了以下行动条件:(1)物理技术框架;(2)政治制度结构要求,包括法律法规;(3)经济条件;(4)认知和文化水平。

在这里,相关结构应包括:(1)技术知识和技术能力的状况;(2)权力和政权；（3）经济交换关系，即市场；（4）心理状态，指导模范或价值体系。

在下面，要重点解释科尼希的结构-角色-模型。在微观层面上，个体主要指的是：发明者，工程师，企业家，政客等。特别是在技术开发阶段，重要的决定还是由个人做出。在反事实问题的帮助下，也就是假设如果没有他们，那将是一条怎样的发展道路，以此，他们影响力的重要性可以得到彰显。在中观层面上，是参与了技术开发的组织：公司、社团和协会、教育机构、政府等。宏观层面由社会的不同部分组成，如阶层和阶级，政治和意识形态，职业群体，制造商和消费者，政府，政治判决等。

角色和角色级别可以通过分析法分开。但是，对于案例研究，也可以将它们组合成网络。因此，角色模型可以与网络模型结合。现在，角色们不是在真空中行动，而是在紧密程度或多或少的结构中行动。这些都是在历史过程中产生的。此外，还源于其他行动者过去发生的行动。前面列出的四个结构对于技术尤其重要。技术知识和技术能力的状况，为技术创新开辟了空间。在技术中，总有可能发生不同的状况，但并非所有的状况都会出现。增量创新，与技术知识和技术能力的状况直接相关；激进创新，背离了技术知识和技术能力的状况，但也不能忽视。

以"市场"一词来比喻概括的整体经济交换关系，取决于供求关系，而供求关系又受成本、价格和收入的显著影响，同时成本、价格和收入又主要是由于技术发展而形成的。需要考虑的是，在国民经济学的古典学派中，"自由市场"是一种反事实的结构。市场关系总是代表着权力关系，例如，各个行动者都存在信息差。然而，有些技术社会学家却将经济理解为纯粹的权力游戏，就像是往澡盆里的孩子身上泼洗澡水的游戏。

　　"权力与政权"不仅指经济上权力,还指政治、军事和社会权力。技术发展与政治结构,军事装备和社会条件(例如性别关系)有关,这就是如何找到极权主义制度和大规模技术解决方案的方式。像原子弹这样的军事发展会影响民用核能的方式。技术发展与政治结构,军事装备和社会状况息息相关,他们的关系有点像两性关系。这样,极权制度和高科技的中心解决方案可以相互支持。像原子弹这样的军事发展会影响民用核能的使用方式。类似两性之间的关系则可以在不同的自行车设计中看出来。

　　尽管很难具体确定,但"心理状态、指导模范或价值体系"对技术发展基本上有着重大影响,其中包括人们对技术的一般态度和特殊态度。人们对技术和技术创新的态度各种各样,有乐观和悲观,有对进步的信念和对灾难的恐惧,有对浪费的沉迷和对经济的追求,这些情绪呈现在一个总的坐标轴上。与技术打交道,会涉及很多复杂的价值体系,这些价值体系源于人们对美好生活和美好社会的向往。

　　上面提到的结构和角色指的是分析性构想图,这些构想图并非没有重叠,但同时它们之间又存在着密切的相互关系。可以将它们理解为解释性的最小值,也就是说,如果要把技术研究称为技术开发的整体代表,则至少必须将它们也考虑在内。结构和角色级别是根据现代工业和消费者社会而制定的。必须确认的是,是否可以在早期就对技术中的结构和角色进行修改,以及可以做哪些修改。此外,它们必须根据具体情况进行合并和增加权重;因此,它们并不是简单的应用方案。

　　这些结构代表的,更多是历史上那些无名的事件,是在消极事件中的角色,在积极行动中的参与者。这是将历史力量分配到角色或结构的并不一定明确但很重要的分配标准。因此,权利可以被理解为将被分配给各个结构的法律制度,但对于参与者而言,权利意味着判决。通常,人们将这些结构更多地视为历史事件里的持久力量,将这些行为更多地视为动态事件。无论如何,史学能够将历史变化高度概括为结构推移和结构变化,而无须详细介绍参与的角色。但是,在大多数情况下,历史学家会将历史描绘为结构和角色的相互作用。

如何将来自三个不同层面的角色和四个结构聚集在一起? 角色们最初在各自的结构内行动。用吉登斯的话来说:他们遵循现有规则并使用已发现的资源。因此,行动从结构中诞生,结构使行动得以实现。同时,这些结构也约束了行动,行动者感受到了限制。在这种情况下,行动者可以试图改变结构。因此,这些行动会破坏现有结构的稳定性,也可以使其稳定。但是,至少从长远角度来看,即使行动者没有将结构视为障碍,他们的行动也将导致结构变化,因为某些行动比其他的有优先权,这也导致了结构内部的重组。

结构角色理论涉及微观、中观和宏观层面的技术行动。它们在意识形态上相对中立,即它们并非一开始就与对历史过程的评价性解释产生联系。这与下面将要讨论的"进步与现代化"和"进化与革命"等概念是不同的,它们更多的是在结构层面而不是在行动层面,并且部分植根于历史的形而上学的解释。

5.5 进步与现代化

从"进步"的意义上讲,"进步"可以简单地指从一个地方到另一个地方的运动。但实际上已经在多个世纪里形成了这样一种标准,即从一个较坏的状态到一个更好的状态的发展。归根结底,"进步"概念源于基督教,被具体化为"皈依"和"救赎"。在"现代化"的过程中,"进步"概念被世俗化了。此外,现在人类对自然的行动机会增多了,"进步"与此也有关联。科学和技术被视为实现这一目标的核心工具。因此,"进步"概念与科学技术的进步联系在一起。人们对"进步"概念的理解和"几乎可以自动实现人类道德发展"的期望结合在了一起。

世俗化的"进步"概念显然是被宗教批评的。无论如何,从理想主义的观点来看,它可能被认为太过物质主义,从而遭到排斥。但是,由于对技术发展在20世纪带来了负面影响,因此人们对进步概念的批评,也只是在20世纪获得了更广泛的群众基础。这包括在两次世界大战和许多其他武装冲突中,武器科技巨大摧毁性潜力的应用,技术合理化可能导致的大萧条期间的大规模失业。以及自20世纪70年代以来出现的生态危机。

为了应对上述危机,社会上的知识分子取缔了"技术进步"一词。在科学中,包括在技术史上,它被另一个可以自由使用但缺乏说服力的词

"技术变革"所取代。从理论上,我们可能看到了一个优势。然而,这个问题仍然存在:"技术进步"是否存在非规范性要素。这其中可能包括不断增加和积累的技术知识和技能,这与人类采取行动的可能性在增多有关。还有一个问题是还有哪些其他概念,可用于从人的角度来解释技术发展。

二战后,诸如"现代性"或"现代化"之类的概念涌现了出来,它们部分继承了进步的思想。"现代化"是描述传统社会转变为现代社会的最笼统的术语。与此同时,个别作者认为现代化的过程可以追溯到中世纪,但绝大多数作者认为,现代化发生在自法国大革命和工业革命以来的两个世纪。在19世纪50~60年代,英美社会学家借鉴了现存的西方社会(尤其是美国)的现代化标准,将自己与二战时期出现的极权,以及苏联的极权政权区分开来。以政治和经济制度为中心,以"民主化"和"工业化"的现代化标准为代表。因此,早期的现代化理论家建议,把西方社会作为专制政权转型的典范和第三世界欠发达国家的典范。

自20世纪70~80年代以来,这个简单的方案经历了大篇幅修改。特别是,美国的社会模式已经变得不那么吸引人了。工业化已不再像以前那样,对社会具有重大影响力。现代化的矛盾感越来越明显。于是,诸如"合理化"和"差异化"之类的更抽象的术语进入了现代化模型。此外,许多科学家宣传了一种"具有反身作用的现代化",一方面试图保留启蒙运动和理性主义的传统,但同时也对不良的发展做标记,并提醒他们纠正。

两位荷兰社会学家汉斯·范·德鲁(Hans Van der Loo)和威廉·范·赖恩(Willem Van Reijen)的论文就抨击了现代化方法的抽象和矛盾之处。两位作者列举了现代化的四个方面:"差异化""个性化""合理化"和"驯化",并将它们描述为悖论。"差异化"意味着越来越多的分崩离析,但同时也加速了社会融合。"个性化"标志着个人从传统的社会约束中解放出来，然而，人们对不知名机构的依赖日益增长，必然会产生社会约束。"合理化"是指对世界的认知性、专业性渗透，这也与文化损失有关。"驯化"意味着人对自然的进一步掌握，但与此同时也会产生人对技术的日益依赖。因此，该方案要求在"合理化"和"驯化"的框架下处理技术。

显然，对现代化讨论占据了西方关于进步的论述的半壁江山。在早期阶段，进步的追求掌控了舆论风向，而在后期阶段，出现更多的是对进步的批评。标准的转变表明，不同时期的时代精神很大程度上决定了当时的现代化理论。撇开标准的含义，根本的问题是，现代化理论所提倡的一段时间内不变的"现代性"一词是否可以得到论证。

在现代化理论中，对"现代"在一段时间内的相对不变性解释有很多种。"现代"可以理解为"现在"，而"现代化"可以理解为"现在所对应的前一段历史"。"现代"和"现代化"将相对化，必须在历史上重新确定。如此激进的"现代"历史化所要付出的代价是，"现代"将成为一个具有不确定性的术语。换句话说，"现代"的特征是，明天一定会成为过往。由此产生的困境是，我们将得出这样的结论，即历史范畴应完全剔除"现代"一词。然后，史学任务将会变更为对各个时期及其史前和史后带来的变化的重构。

5.6   革命与进化

社会学家使用"现代化"一词来描述社会转型的基本过程,在历史学中,经常用到"革命"一词。"革命"代表着深刻的变化,与之相对的术语"进化"代表着缓慢变化。

对"革命"一词作诠释的困难之处,在于它的含义和评价在过去的几个世纪中已经发生过几次变化。在18世纪,"革命"由于启蒙运动和后来的法国大革命而得到了重新诠释。从一种周期性或一种后退的、守旧的变化,一种保留的特征含义,到进步的、新的、前所未有的变化。法国大革命可以理解为政治力量的突变,也可以理解为是一段较长时期内社会革命的高潮。自19世纪20年代以来,在英国发生的经济变化被广泛描述为"工业革命",这支持了"革命"概念的时代语义扩展。有抱负的资产阶级认为"革命"一词具有积极的含义,并将其与进步思想联系起来。当马克思主义和工人运动在19世纪兴起时,资产阶级又重新评估了这个词。

随着时间的流逝,历史科学中确立了两个革命概念。政治史和事件史标志着一种突然的、剧烈的动荡。另一方面,革命的结构史概念表明,社会、经济、技术和科学在较长时期内发生了翻天覆地的变化。但是,从结构的角度来看,重要的"革命"和次重要性的"革命"是有区别的。在最高等级水平上的"革命",有"新石器时代的革命"和"工业革命"。它们常常引起人们产生这样的思考,即我们现在是否也处于类似的变革时期。这样的思考在历史哲学工作中得到了广泛的应用。另一方面,拥有专门的研究方向的历史学家发现,很难把有相当大内部差异的"持续时间较长的时期"称为"革命"。

考古学家戈登·柴尔德(Gordon Childe)于1936年出版了他的著作《人让自己成为人类》,将"工业革命"称为人类历史上的重要变革之一,"新石器时代的革命"已经翻篇了,这将革命的概念带入了新的维度——跨越几千年的历程。今天,根据某些发现,"新石器时代的革命"不再被定义为考古学的发现,而是被定义为经济学的发现,形成了以家畜养殖和农作物种植为特征的适合定居者的经济生产形式。这种定居者的安营扎寨,与技术发展密切相关。这些技术包括使用犁进行田间耕作,经过生产改良的纤维植物和羊毛织物,在陶轮上生产陶罐,冶炼矿石,将石和砖用于建筑,以及使用马车作为交通和运输工具。

工业革命不仅代表技术和工业的变革,还代表着囊括所有生活领域的整个社会的动荡过程。从最普遍的意义上讲,它可以理解为社会的一种前所未有的动力,包括人口、经济的增长和城市化。农业社会变迁为工业社会。工厂作为可集中生产、有分工组织、配备动力和作业机具的生产场所,取代了家庭作业,成为主要的生产形式。手工已逐渐被机械代替。化石能源,特别是煤的使用,取代了木材和水力发电等可再生能源的使用。

那么,我们是否处于与上述情况类似的一个革命性变革时期呢?这意味着,我们需要搜索一个新词来标记当前的时间。但是,大家所提建议的数目和种类繁多,这同时也表明了,当代人在适当地解释自己所在的时间是很困难的。建议的标记用语包括："服务社会""信息社会""知识社会""网络社会""消费者社会""富裕社会""休闲社会""冒险社会""风险社会""后现代性""第二现代"及其他。无论如何，很明显工业已经失去了主导地位。繁荣和消费决定着发达国家的日常生活，但也造成了新的全球环境问题。总体而言，通过"全球化"，世界变得越来越小。相比"全球化"来势汹汹，地方的、个人化的内容处于紧张状态。人们越来越注重口头用语和视觉效果，而书面上的内容则渐渐被忽视。

在人类历史的三个大变化时期之下，还发生了许多其他的"革命"。其中许多被称为"工业的革命"，因此，它们与1800年左右伟大的工业革命直接相关。一些作者将"工业的革命"追溯至中世纪，把这段历史命名为"前工业革命"，另一些作者则着眼于19世纪和20世纪后期的变化。但是，人们对于如何弘扬和计算"工业革命"存在着广泛的困惑，人们有这种印象，"革命"的标签已经在新的技术领域贴了很多次，而人们对这一术语的概念和社会背景却一无所知。相反，创新理论的创始人熊彼特的行动则更为系统。特别是，熊彼特将他的经济周期与技术以及工业的变化相结合，尽管他拒绝将革命作为一个"口语化"名词使用。在第一个周期，工业革命时期，他提到了纺织技术、煤炭和铁；在第二个周期提到了铁路、钢铁和蒸汽技术；在第三个周期提到了电气工程、化学和汽车。

技术在人类和工业革命中扮演着重要的角色。当然，也有可能从技术的背景中抽象出来，询问实体系统本身的革命性变化。然而，相比在媒体上不断地以推广技术创新迎合市场的过程视为是"革命性"，这样才能走得更远。与技术有关的另一种方法的例子是阿科斯·鲍林尼（Akos Paulinyi）对手动工具技术到机床技术过渡的分析。

术语"进化"偶尔被作为"革命"的反义词使用。在技术史上,鲍林尼将技术史描述为一个渐进的过程,在这个过程中,新的事物的与旧的联系在一起,而且并没有超越多少。创新过程被描述为基于反复试验的小步骤过程,成功与失败交替出现。在经济学中,进化概念的使用,意味着与古典经济学理论普遍均衡模型的疏离。鲍林尼认为,可以把经济变化解释为公司采用技术的行动。

技术史和经济史上的"进化论"方法与生物进化论或隐式或显式地联系在一起,彼时,生物进化论作为一种描述方案被发现,进入众多科学学科。它的吸引力主要来自生物过程的不确定性,这似乎与历史偶然性现象相对应。生物进化论,似乎是为了取代确切的自然科学史上因果关系和机械论观点。但是,我们通常只看到极度简化的演进方案。一方面会导致个体变异的遗传突变,另一方面导致随之而来的优胜劣汰过程。人们忽略了生物进化论的众多理论问题,例如有机体内部环境与环境条件的相互作用,个体空间分离的重要性或进化飞跃问题。

但是,在使用变化进化和选择进化的简单方案时,就出现了这样的问题:是否存在技术和生物进化之间的类比,以及它能走多远。进化的生物学理论涉及被动的偶然事件,技术上至少有一部分事件来自刻意的行为。不同于生物学,在技术上,变异和选择很难彼此分离,正相反,它们会融合在一起。生物变异总是很微小的变化。在技术上,既有渐进的,也有激进的创新。在生物学中,遗传物质仅是世代相传,而在技术中,则可以只通过转移而在同一水平传承。在生物学上,选择始于个体,而在技术上,则涉及整个实体系统。

生物进化和技术进化之间的差异甚大。有足够的理由发问,两者之间的类比是否有意义？从一开始就寻找合适的技术发展理论会更好吗？
此后就可以撇弃"进化"这个词，因为它已经与生物学理论联系得太紧
密了。

　　把"革命"与"进化"归为一节是因为在研究讨论中，它们大多被视为
相反的概念。"连续性"和"不连续性"这两个词也一样。但是，历史学中建
立的这些术语，并没有在理论上反映出来，历史实际上始终代表着一个连
续、连贯的事件，即从过去到当下，再涌向未来。没有过去和未来的当下，
是绝不可想象的。"连续性"和"不连续性"只能指历史事件的正负加速或
历史链之间的转移。

　　在历史理论中，关于"连续性"和"不连续性"以及"革命"和"进化"（更
确切地说是"发展"）的讨论收获颇多。这两对术语将不会用于命名相反
类型的历史事件，而是命名不同的、相对的时间过程，"进化"和"连续性"
的时间缓慢而小规模变化，"革命"和"不连续性"的时间迅速而大幅度变
化。这一模型及其中所涉及的术语，假定了实际时间与历史时间之间的
根本差异。物理时间的发生是绝对均匀的，而历史时间的特征是加速、延
迟和多种速度的组合。尽管如此，"革命"和"进化"指的是同一类历史事
件，而不是同一个历史事件。

　　确定历史速度是历史学划分时期的必要不充分条件。它没有说明时
代的特征。总而言之，确定时间情况和历史速度，可以使人们对历史进行
高度概括和解释，例如在"工业革命"概念中的"时间"。历史学离不开这
种解释。唯一的问题是这些解释是否仍隐匿在历史叙事中，或者，是否能
够被理论上有据可依的历史学加以阐释。

思考题

1. 谈谈西方技术史理论的沿革。

2. 谈谈西方技术史的主要理论。

3. 在众多的技术史理论中,你最关注的是什么?

4. 谈谈在书中的某一理论框架下,如何分析技术史的微观问题。

拓展阅读

[1] Smith M R, Marx L. Does technology drive history? The dilemma of technological determinism[M]. Cambridge: MIT Press, 1994.

[2] Basalla G. The evolution of technology[M]. Cambridge: Cambridge University Press, 1988.

[3] Bijker W E, Hughes T P, Pinch T. The social construction of technological systems: New directions in the sociology and history of technology [M]. Cambridge: MIT Press, 1987.

[4] Cohen I B. Revolution in science[M]. Cambridge: Belknap Press, 1985.

[5] Hughes T P. Networks of power: Electrification in western society: 1880~1930[M]. Baltimore: Johns Hopkins University Press, 1983.

[6] MacKenzie D A, Wajcman J. The social shaping of technology: How the refrigerator got its hum[M]. Philadelphia: Open University Press, 1985.

[7] Mayntz R, Hughes T P. The development of large technical systems
     [M]. Boulder, Colorado: Westview Press, 1988.

[8] Nelson R R, Winter S G. An evolutionary theory of economic change
     [M]. Cambridge: Belknap Press, 1982.

6　19~20世纪工业社会中的技术

　　本章节概括地介绍了从工业革命到现代这个时期的技术史主题、问题和答案。因此,这些章节论述的是技术发展特别活跃的时期。需要明确强调的是,对此不应让技术史的研究局限于过去的两三个世纪。不往前追溯几个世纪甚至上千年,就不能领会技术史对人类历史的意义。这里所采用的限于19～20世纪的技术史研究主要是出于实用主义的考虑。因此,本书如果不能将系统部分和经验部分联系起来将是失败的。当然,经验部分不能也不应该是系统部分的应用。经验部分描述并考量了技术史可用不同方法和目标进行探讨的领域。

　　当然,本书所呈现的19～20世纪技术史的简述有一定的局限性。因为这里涉及的是西方世界的技术发展。更准确地说,实质上只涉及少数工业国家的技术史发展,首先是英国,然后是德国和美国。在西方世界所创造的技术发展以及由此而影响到的国家和社会的结构与生活方式已成为全球技术发展的范本,它们的典型性特征使得本书在观点阐述上更为合理,并且这些所选择的国家的技术史发展研究最终反映的是德国历史学的主流兴趣。这里主要介绍的是一些重要的研究成果,并只列举已列入研究文献的重要的综合著作以及文章。同样,因为无法面面俱到,本书仅探讨在技术史的研究中的一些核心的研究成果和研究争议。

　　19～20世纪分成两大历史系统部分:"工业社会"和"消费社会"。"工业社会"这个概念以生产为核心,"消费社会"这个概念以消费为核心。生产和消费处于一种互补关系当中:没有生产就没有消费,没有消费就没有生产。人们只能消费生产所创造的东西。生产后续无用的东西是毫无意义的。

因此,生产和消费在历史上始终是并存的。"工业社会"和"消费社会"这两个概念各自强调了其主导地位。"工业社会"意味着工业生产处于经济和社会的中心,且工作构成了生活的核心。大多数人被迫忙于保障生计和满足基本需求。"消费社会"的特征在于,大多数人参与了新的高档消费形式且消费具有突出的文化、社会和经济意义。在消费社会中,消费者成为了社会文化的领军人物,消费行为作为主要经济参数,消费促进了个人和社会的自我实现和自我表现。

各国从工业社会向消费社会的过渡经历了较长且不同的时间。美国在战间期可称为发达的消费社会,而德意志联邦共和国在战后时期才被称为发达的消费社会。在技术史语境中,这意味着在工业社会中技术发展的动机和动力更多地来自生产设备,在消费社会中则更多地来自对消费品的需求。在以下各节中将各技术领域划分为工业社会或消费社会时考虑到国别的情况。

6.1　英国工业革命

　　"工业革命"这个概念的优缺点经常被重新讨论。不管其优缺点,这个概念已得到广泛的认可。对此,大家一致认为工业革命开启了包括社会、经济和技术所有领域的深刻的变革过程。该变革的过程于1760~1780年始于英国,在某种程度上结束于1830~1850年。在这段时间内,英国的国民生产总值不论是绝对值还是人均值都得到了显著提高。然而,与近代各国生产总值的变化相比,这些量的变化更多是一个漫长的过程,而不是突然的飞跃。一些新的研究例如美国经济史学家华尔特·罗斯(Walter Ross)认为,1783~1802年这个时间段作为英国工业的起飞阶段这一观点是不恰当的。同样,工业化首先只发生在几个核心地区,英格兰中部、苏格兰南部和威尔士南部。工业化遍及大部分大不列颠群岛则花了很长时间。

　　在评价变革进程时必须考虑到它们是从很大程度上稳定的社会发展而来的。相应的量的变化以前需要数个世纪。无论如何,工业革命时期的人们感觉是生活在一个加速的时代。工业变革与政治革命、1776年美国独立和1789年法国大革命的时间上的巧合,以及资本主义和资产阶级的兴起过程中所揭示的经济与社会的相互作用,也可能促成了这种变革。

　　在不同国民经济部门中的从业者比例说明了英国在近一个世纪进程

中发生的社会经济结构转变。1750~1840年,农业从业者比例大约从50%下降到15%。工业、采矿业和工商业从业者大约从25%上升到63%。在19世纪的前10年工商业部门超过了农业部门。此外,特别是1830年后手工业开始逐渐被机械工业所取代。因此,英国在不到100年的时间内从一个以农业为主的国家发展成为一个以工商业为主的国家。

英国工业革命发生的原因是什么?学界公认所有单一原因都不足以解释。对此,马克斯·韦伯的命题"资本主义新教精神"是一个例子。它假设把禁欲的新教教义列举成资本主义的决定性原因。然而,由此误解或夸大了韦伯的目的。韦伯在其宗教社会著作中很少涉及因果关系的解释,而更多的是新教教义以及资本主义经济思想特定演化间结构类比的推演。

大多数工业革命历史学家在单一因果关系解释的位置上指出在英国工业化中起作用的因素是交织在一起的。对此,所列出的因素首先是否涉及工业发展的原因或后果,这常常是悬而未决的。这些因素的演变在时间上与工业化过程重叠,因此并非独立于工业化。人口增长、农业生产的增加、有利的资源状况、殖民地和国内市场的紧密结合、资本主义贵族和资产阶级的政治和社会地位,以及技术创新均属于最常被提及的工业化因素。

与工业化并行的是人口的增长。在一个世纪内,英国人口增至3倍不仅是由于基础出生率的提高,并且也缘于整体死亡率的下降。死亡率的下降首先是由于饮食的改善,如从美国引入欧洲的新农作物土豆和玉米大大改善了欧洲人的饮食条件。此外,卫生措施的增加也在一定程度上降低了流行疫病的发生概率。由于人口的增长,在工业化进程中劳动力得到了保障,工厂和其他工商企业可以较为容易地从农业、家庭手工业以及爱尔兰移民中招募到工人。因此,劳动要素极为丰富,这使工人的工资得不到提高,仅能维持在一个较低的水平。

在工业革命前和工业革命期间农产品的产量得到了提高。因此,人口增长并未像过去几个世纪那样因歉收和饥荒而减缓。此外,农业的扩张需要手工业和工业产品。圈地运动将耕地合并成更大的单元,在农业生产提高方面扮演了特殊的角色。之前闲置的乡镇田地得到耕作或被用于畜牧业。传统的敞田制被取代。这是一种在私人的小地块上经营的多领域经济,其中总是有一部分耕地种植或休耕。在合并形成的更大的耕地上人们可以更好地施肥并转向轮作经济,即休耕地被取消了。

这些措施强化了大地产,同时也破坏了旧的基于合作而制定的农业乡镇的模式。这使得原先的农民从小农变成雇农或农业工人,有的甚至脱离了土地获得了人身的自由。在农村所有权制度方面发生了变革,如贵族大地主向大中型企业主出租土地,他们依靠占有的土地从企业主的手上分得一杯羹。而所述的农业创新和产量的增加则首先归功于大地主们。农业企业主雇佣了许多农业工人。虽然农业的从业人数是绝对增长的,还有许多农业从业人员流入家庭式的企业和工厂。英国农业不仅成功养活了不断增长的人口,而且农业还有富余可供出口。

在17~18世纪,英国(与荷兰一起)在农业技术领域占有领先地位。然而至今为止,当时英国在农业社会中不断尝试实现农业技术创新和推广很少为人所知,例如犁的技术革新。此前,犁越来越多地由铁制成,有些例如具有用螺栓拧到犁铧上的锻造犁壁。随着时间的推移和新材料的加入,农民成功实现了对犁的改进,使得犁变得更加轻便,更加便于使用。播种机的发明使种子得到了有效的节约。自18世纪末以来,播种机就已可以实现同时用多排种子来播种。新型脱粒机也展示了它的重要性。可以说，曾经最耗费时间的农业工作是小麦脱粒。人们首先尝试了根据滚动臂工作的原理，并尝试了根据连枷原理工作的类型来进行脱粒。最终在18世纪晚期成功利用辊压原理发明了离心鼓风机（"风扫"），将谷壳从小麦中分离出来。

英国拥有丰富的铁矿石和煤储量，并因此具有建设强大的矿冶工业的重要基础。矿冶工业又对其他工业部门的发展产生了有利影响，例如化学工业和机械制造。自17世纪以来，煤已在英国大规模使用。由此，英国经济对木材和木炭的紧缺和价格上涨做出了反应。直到19世纪，大部分煤用于房屋供暖和原材料的开采，但很少用于蒸汽机的加热。

经过与西班牙和法国持续数十年甚至数百年的斗争，英国在18世纪通过拿破仑战争的胜利成为世界领先的海上强国和殖民地强国。英国经济得益于从殖民地进口的初级产品。最初主要在印度，后来也扩大到其他地区，例如在埃及和北美地区种植棉花。英国对这些殖民地的初级产品进行了精加工，并将成品出口给自己和他国的殖民地。1780年前，在英国的出口统计中，毛织品取代了棉制品名列前茅。

在19世纪，相对于欧洲这个出口市场，欧洲以外的出口市场对英国经济的重要性得到了提高。但是现今，与以前的观点不同，认为来自殖民地和海外贸易的资金对工业化的融资并不那么重要。取而代之，一些人物的研究和企业史的研究表明，关键性工业绝大部分的自我融资是通过储蓄资金。这说明英国在资金方面是非常丰富的，而关键问题在于找到有前景的技术创新并使其有市场竞争力。

与出口相比，国内市场对工业化的重要性颇有争议。工业革命前，英国经济由许多较小的、相对独立的单独市场组成。自18世纪中叶以来，市场交流得到加强，另外固定的道路和水路的建设也促进了这种市场交流。在前工业时期，农村地区已形成家庭手工劳动中心。19世纪时，家庭手工业就对英国的经济成就做出重大的贡献。因此，直到1830年左右兴起的棉花纺织业和1850年左右兴起的羊毛纺织业，主要都是在家庭手工劳动中进行的。另一个例子就是小型的钢铁工业。

英国的社会政治形势也有利于国家的工业化。几个世纪以来，岛上在以国王为首的旧势力与新兴贵族资产阶级势力之间存在着斗争。在17世纪的内战时，斗争达到高潮。1688年的光荣革命结束了内战，光荣革命使得国王更多地受议会约束。肩负工业化重任的商人和企业主受益于这种发展，并且与其他欧洲小国一样，英国形成了早期资本主义结构。当亚当·斯密在1776年撰写他的划时代著作《国富论》时，他更多是将现有关系理论化，而不是撰写全新的社会和经济政策纲领。对技术创新进行资金支持并努力进行经济转化的是私有企业家。与大陆上的专制主义统治不同，在英伦岛上没有主要生产奢侈品且对技术变革不是非常感兴趣的大型国有制造商。

在18世纪中叶左右，英国在欧洲还谈不上有技术优势。不列颠群岛和大陆之间的技术转移是双向进行的，因此，并未如19世纪那样形成单行道。甚至在工业革命初期，法国的技术发明水平都完全可以与英国较量。然而，英国证明了自己在技术发明的经济转化和应用方面比法国成功得多。(同所讨论的其他因素一样)技术创新不仅被诠释成整个社会变革进程的原因，而且也被诠释成结果。

到现在为止，自然科学对于技术进步扮演了什么角色仍是有争议的。

在17世纪和18世纪,英国已在自然科学方面取得了辉煌的发展。自然研究依靠的是广泛的科学机构基础设施。英国自然科学的特点在于其以经验和实践为导向。因此,显然自然研究与技术开发间的紧密结合存在很好的先决条件。

尽管如此,很多事实仍对工业革命中科学起到了重要作用的论点不利。科学与技术工业发展之间的时间差属于此类。1750年以前,在自然科学早已处于全盛时期时,几乎未出现开创性的发明和创新。当审视工业革命的基础创新时出现了其他的疑问。大部分来自手工业者和执着于追求揭示技术现象背后答案的人的贡献,很少来自自然科学家。外行扮演的角色并非微不足道,外行发明者的优势在于他们不会受流传下来的传统的束缚。这并不影响创新者为此(也就是说主要是自学)掌握科学知识,如果解决问题需要这些知识的话。

自然科学对工业革命的贡献更多是间接的,而非直接的。它促进了创新思维的传播。在主要城市出现的自然科学技术学会,理论家与经验主义者都被允许加入。伯明翰“月光社”就属于此类。相反,顶级的科学机构例如牛津和剑桥的精英大学以及皇家学会几乎未推动技术发展。在19~20世纪早期进程中,制度化的科学才显示出对技术工业问题有较大的兴趣。

随着时间的推移,工业化席卷了整个经济生活。数量提升最明显的部门是纺织工业。棉花在工业化进程中占据了突出的地位;羊毛、亚麻和丝绸位于其后。1815年,英国出口的货品中40%来自棉制品。1850年,总人口的10%和20%的在职人员就职于纺织和服装工业。所有作坊和工厂约有一半属于纺织业;一半多的蒸汽动力用于纺织业。

在18世纪中叶左右,布料的生产仍然很大程度上是在简单设备上进行手工作业。该行业中不仅出现了独立的小手工业者,也出现了较大的布商,他们在其作坊或分发、加工、包销、企业中雇佣10~30名劳动力。然而,纺纱成了布料制造的瓶颈。一个织工加工的纱线需要4~12个纺纱女工来生产。18世纪60~70年代纺纱机的发明旨在消除该瓶颈。新机器能够生产细纱或粗纱。它们通过不同的动力源来驱动:手动、绞盘或水轮车和后来的蒸汽机。一些机器的操作起初需要很高的技巧,但随着时间的推移,它们逐渐自动化了。

织机在1785年已经被发明。但是,从19世纪20~30年代起,机械技术的改进才导致了织机更广泛的推广。纺纱的机械化花了20~30年,而纺织的机械化超过了50年。最初,新机器仍然适合家庭手工劳动。随着锭子数量的增加,它们变得太大并且需要有中央驱动装置。以此方式诞生了现代工厂。棉纺厂是首批工厂。大多数为三到四层的建筑物立于农村地区的河道旁,由水轮驱动着机器。纺纱机排除了一个瓶颈,但同时又引起了新的瓶颈。机器纺纱要求从根本上更仔细地准备无纺织物纤维或生产粗纱。因此,从纺纱开始,机器化在两个方向上扩展:一方面涉及上游工作,另一方面涉及织布和下游工作。

机械化和技术化发展成了一种自我强化的过程,涉及越来越多的工业部门。机械制造厂满足了对纺织机的需求。改用铁这种机械制造材料使炼铁行业受益。化学工业向纺织工业提供了漂白剂和其他材料。布料和服装贸易要求扩建交通基础设施。当然,所有这些以不断增加的需求为基础。纺织工业的兴起得益于人口增长、着装习惯的改变和英国的殖民经济。

机械制造规模要比纺织工业小得多,但其具有重大的质的意义。机械制造可以分为工作机,例如纺纱机和织布机的生产与动力机的制造。以前经常将工业革命还需要与詹姆斯·瓦特(James Watt)于18世纪60年代创造的蒸汽机置于一种因果关系中。由于各种原因,这种观点难以为继。瓦特蒸汽机改良于托马斯·纽科门(Thomas Newcomen)的蒸汽机。在18世纪总共有一千多台纽科门大气式蒸汽机投入使用。但是,它们几乎只用于煤炭开采中对水泵的驱动。纽科门蒸汽机需要消耗大量的煤炭,因此,其只有在矿区才值得应用。它们不适合驱动大多数的工作机,因为它们的活塞运动不能转换成旋转运动。

随后,在18世纪60~80年代间瓦特又发明了一种双动式旋转低压蒸汽机。1785年,它首次用于矿业以外的领域,而且在1800年左右纺织厂投产了数百台瓦特蒸汽机,其中纺织工业中约100台。直到1815年左右,纺织工业中所使用的蒸汽机总功率超过了水轮车。因此,工厂系统是在水力基础上发展起来的,但是蒸汽力为工业化进程的持续和加速做了重大的贡献。此外,蒸汽机解决了场址选址局限的问题。如果首批工厂需要在河道旁有驻地,那么蒸汽机则能使工厂不受此局限。随着时间的推移,工业从农村地区转移到城市。

机床特别是钢铁切削加工机床对工业化具有战略意义。借助车床、钻床、刨床和铣床可以省力地制造其他动力机和工作机。较长时间以后,机床的精度也超过了手工作业。亨利·莫兹利(Henry Maudslay)在18世纪90年代生产的带刀具滑板的车床为机床发展开启了黄金时代。莫兹利整合了在精密机械中(例如制表业)早已广为人知的各种元素,将它们转移到了新的维度,即转移到了加工难度更大的机械制造材料铁和钢上。

莫兹利的工作是后续几十年许多类型机床设计的开端。系统性创新在于从此以后机器由机器制造而成。新的机床工具技术开始取代旧的手动工具制造技术。

如同蒸汽机一样,煤矿开采也不是工业革命的决定条件。其重要性其实是在于维持并加速了工业化进程。单独传统能源,如水力和木材,很难满足19世纪发生的工业大发展。直到1830年,大多数的煤都流向了家庭和小企业。由此可见,新能源载体最初传播速度是相对较慢的。唯一的工业大买主是冶金工业,占开采量的10%~15%。煤炭开采在1760~1800年翻了一番,并在1800~1840年再次增加了约4倍。

在这个阶段,炼铁业的发展愈发引人注意。在1775年,英国仍是铁进口国。主要来自瑞典和俄罗斯的铁在那里用木炭进行冶炼并进一步加工,形成相对较高的价格。矿煤代替了木炭,才使铁价格降低,并使得英国成为欧洲和全球的铁冶炼中心。1788~1796年,生铁产量翻番,到1806年又翻了两番。之后,增长率回落,直到铁路时代产量指数再次快速到达顶峰。

铁和钢是在两个阶段的过程中生产的。第一阶段在高炉过程中由铁矿石制成生铁。第二阶段在精炼过程中由生铁制成钢。在高炉过程中,亚伯拉罕·达比(Abraham Darby)在1709年就已经用焦炭代替了木炭燃料(和还原剂)。当然,更换燃料需要改变整个冶炼过程。与此相关的困难导致英国冶金工业中的焦炭高炉在18世纪下半叶才实现。第二个决定性创新在于在铁的精炼时用煤代替了木炭。铁的精炼指的是使脆的、不可锻造生铁的部分脱碳,因此产生了可锻钢。亨利·科特(Henry Cort)在1784年通过发明搅炼炉在精炼铁时成功使用了煤。在搅炼炉中,矿煤从空间上与生铁分开,因此并不会污染生铁。同样也是从18世纪80年代兴起的用于制造钢半成品的轧钢机成了第三个重要创新。新的轧钢机代替了旧的铁锤。

在工业革命中,质的变化和量的增长相统一。在19世纪上半叶,英国纺织工业、机械制造、煤矿开采和钢铁工业这些所有行业部门的产量比全世界所有其他国家的总量都高。工厂是工业兴起时占最重要比重的新生产系统。工厂系统可以解释成"在按劳动分工组织的生产厂房中对驱动机器和工作机的组合使用"。如果将此定义拆分成几个组成部分,那么工厂的要素由以下几部分构成:

（1）生产集中在建筑物或设备中。这将工厂系统与机器在工人住宅中的家庭手工业区分开来。

（2）分工。这使工厂与手工业区别开来。

（3）结合了动力机和工作机的机械系统。动力机可以是水轮车、蒸汽机或其他,因此,工厂的概念并不与蒸汽机相关联。机器系统使工厂与手工作坊区分开来,它是一种手工劳动占主导的、规模较大的、集中式且劳动力分工的生产中心。

工厂大多与家庭手工劳动或家庭手工业体系竞争。通常情况下,家庭手工劳动需要手工技能,例如操作纺车和织布机。虽然纺纱和织布并不是十分繁复的工作,但是手动更换材料需要一定的技能。此外,家庭手工业者还需要自己确定其工作流程。当然,人们不应将居住和工作场所这些家庭工业单元想象成田园生活。纺车和织布机产生的噪音并不小,且释放出了大量的灰尘和纤维残渣。

工作在家庭联盟中进行。童工成长至青年早期时就会开始做辅助工作,并且逐渐熟悉了复杂的手工劳动。工作时间总的来说由自己决定,并无规律,一般取决于订单情况和劳动者另外所从事的农业。家庭手工劳动可指独立的手工业,但是,在工业化前夕这种分发、加工、包销体制仍占主流。

分发、加工、包销体制从16世纪开始形成并延续到18世纪。中间商(在这里作为示例观察的纺织业中为商人)向家庭手工业者提供粗制品或初级产品,例如羊毛或纱线。以计件工资进行支付,也就是以生产量为准。家庭手工业者所交付的货物会被检查。中间商试图用对质量不达标者进行罚款以进行质量控制。通常交货日期是周末,但有时也会有更长的交货期。在该框架内,家庭手工业者可以自由分配该工作。大多数情况下,这导致手工业者将生产集中到一周结束之前。"神圣星期一"或"蓝色星期二"也普遍流行,一周之末的交货期前人们有时候为此通宵工作。家庭手工业者对中间商的依赖经常超出了直接的生产关系。机器属于纺织商人,商人收取机器租金或以信贷方式出售机器。家庭手工业者有义务从中间商那里购买所有商品,特别是在19世纪,大部分家庭手工业者都拖欠中间商的费用。

工厂很大一部分的劳动力是从被机器纺纱厂和织布厂脱离出来的家庭手工业者中招募的。对此,事实表明他们在数个世纪的发展进程中形成的劳动生产习惯和态度并不符合工厂对工人的要求。家庭手工业者很难彻底将工作和其他生活分开。工厂经营管理要求准时开始工作和保证固定的工作时间,家庭手工业者则认为这是人为的强硬规定,且不符合工作的规律。家庭手工业者将白天的所有时间都列入到了他们的工作计划中。相反,工厂则尽可能地建立自身的规则,企业主试图用纪律来约束工人，他们在工作开始后关闭厂门并隔离迟到的人甚至解雇他们。

早期工厂工人不仅无视时间纪律，而且赚钱欲望也不强。有些工人一旦赚到足够维持家庭一段时间的钱就离开工厂了。计件工资形式的绩效激励毫无结果。比起富裕和职业上的成就，工人们的心思明显更多地放在了保障生存的目标上。

家庭手工劳动时工作流程和工作速度的自我决定在工厂中被他人决定所取代。劳动分工和机器节奏规定了工作内容和速度。如果忽视它们，则有生产损失的风险。为了消除生产的损失，工厂引进了严格的工作组织和军事榜样，部分教父式的人物成了他们的代表。他们建立了监督、命令和服从的严格等级系统。该系统的规则写进了工厂和劳动规定中。在这些规定中，"鞭子"超过"糖面包"占主导地位，惩罚比奖励更频繁。奖励主要是物质上的以奖金、额外的食物或衣服为主的形式，而处罚则包括体罚（主要用于儿童）、罚款和解雇。体罚通常取决于监督者的兴致和心情。罚款的额度则表示工人的行为已经给工厂带来了损失，往往对标于两个小时到一天的工作报酬。工厂主给工人本身或其机器上贴上标记标出效率差或效率高（很少）。工厂主交换不可靠或倔强的工人黑名单，以此使他们不容易从一家工厂换到下一家。

一般来说，新的、尚未习惯工厂的工人会出现纪律问题。工人经过两到三代的变化，家庭手工劳动的生产变成了工厂劳动的劳动习惯和态度。然而，早期工业企业主不仅主管工厂纪律，而且还试图影响工人家庭的私人生活。他们支持教堂和星期日学校，以阻止儿童在街上闲逛。这背后有虔诚生活的宗教观念和对工作纪律的不利影响的担忧。在一些地方，工厂主建立了街道监督机构，以阻止工人诅咒、唱歌和喝酒，并且在必要时实行惩罚。

工业化首先伴随着每日和每周劳动时间的延长。直到 19 世纪中叶，平均劳动时间增加了，而在此之后，劳动时间又逐渐减少。在 1850 年前后，工人平均每日劳动时间在 14～16 个小时，在瑞士的纺织工业中则普遍高达 18 个小时（不同的行业和地区有所差异）。周六很少会安排工作，周日则是休息日。但是，由于许多节日和假日被取消，以及各类工作方式的增加，与前工业时期相比，每周和每年的劳动时间延长了许多。

童工劳动是工业化进程中带来的另一个社会问题。在工业化过程中企业主需要降低生产力成本以赚取更大的价值，而足够的廉价劳动力如妇女和儿童则给企业主的剩余价值最大化带来了机会。虽然，在家庭手工业中童工劳动也属于常态，但是它不像工厂中所采用的那种非人待遇的形式。由当时社会上儿童占比的逐渐增高，工业工人中童工比例也越来越高。年轻人占了人口的比例的绝大部分。对于许多在贫困中挣扎的家庭来说，不出卖孩子的劳动力就难养活他们的孩子。这里有一些英国童工扩散的数据，在早期工业化的丝绸工业中，高达 80% 的从业者年龄低于 18 岁。在 1835 年，棉纺工业中有 13% 的童工小于 14 岁，且 25%～30% 的青少年在 14～18 岁之间。妇女和女孩几乎占了职工的一半。事实上，政府关于限制妇女和童工劳动或使其人性化的努力从很早就开始了，1802 年开始，政府针对童工劳动立法；1844 年开始，针对妇女劳动立法。但是，所颁布的规定早期不够充分且得不到监控，到 19 世纪下半叶才开始有还算有用的劳动保护立法。

总体来说，在工业革命进程中，劳动条件已显著恶化。由于机器和在工厂车间运行的传动装置构成了工伤事故的新维度。尤其是纺织厂，厂房中充满了噪音和灰尘。通风不良导致了高温。大多数历史学家认为，直到19世纪中叶左右，工业工人的身心负荷都在增加。

有关资质改变的一般性陈述经证明是非常困难的。机器对操作、维护和维修都提出了更高的要求。然而同时单调的辅助工作也增多了，例如纱线线轴的上架或取下或开叉线的捻合。工作的性别特征差异也与资格的极化相关，这在当时并不令人奇怪：妇女获得的是低价值和报酬低的工作，而男人获得的是高价值和高报酬的工作。

在工业革命进程中，人均国民生产总值提高了，因此英国社会就其整体而言变得更加富裕了。要回答工人收入和生活条件的发展问题则更加困难。对此，同时代的人已表达了不同的看法。弗里德里希·恩格斯（Fredrich Engels）在其有关《英国工人阶级状况》的文章中给出了简洁的否定回答。当然，恩格斯对工人生活条件的现实主义描写与工业化前家庭手工业的田园诗般的描述形成鲜明的对比。

工业化期间"乐观主义者"和"悲观主义者"之间对社会政治动机的争执在社会和经济史中持续至今。这些争议的背后也有来源和方法问题。乐观主义者偏向于定量论据，悲观主义者偏向于定性论据。乐观主义者尝试通过实际工资、消费和预期寿命的时间序列来支持他们生活条件在工业革命进程中改善的论点。然而，建构的时间序列一方面在来源方面保障性很差，另一方面是他们的阐释是有争议的。例如实际工资的计算在1780~1850年增长了30%~50%。但是，这是基于有问题的一揽子商品计算和收入计算。因此，家庭收入的估算和失业阶段的计算是存在差异的。

相反，悲观主义者将生活条件视为只能有限的定量描述的范畴。取而代之,他们关注质的改变:工业化已将劳动力变成了商品并由此进行了根本性改造。劳动的自觉由纪律化代替。城市化使居住状况恶化。与村民和家庭有关的社会文化价值模式被打破,这降低了在变化的生活状况中获得帮助和支持的可能性。比起乐观主义者,悲观主义者考虑其他的原始资料,例如当代的大众传播和议会研究报告,这些报道经常以激烈的方式描述下层阶级的贫困。

在这里,已尖锐化的争执时至今日也没有或也不会得出明确的结论。但是,一些中期结果可以确定:

（1）工业化已为不断增长的人口提供了最低生活保障。

（2）有关生活条件的发展需要区分成多个阶段。在1795～1815年间,人们的生活条件可能恶化了。在此,对法国的战争和拿破仑抵抗英国商品而实行的大陆封锁起了重要作用。自19世纪40年代以来,生活条件已改善。然而,从1815年到1840年左右的这段时间是存在争议的。

（3）工业革命期间社会剪刀差继续扩大。与工人相比,富人的财富过度增加。针对总人口和工人需要进行区别。最大的贫困并不在工业工人阶级中,而是在某些农村地区。机械制造工业的专业工人比纺织工业中来自家庭手工业的半熟练工人要好得多。

（4）社会状况因地区而异。例如,英格兰的生活条件比爱尔兰好得多。

（5）在工业革命期间,私人消费成了工业投资的牺牲品。从19世纪中叶起,工业工人的子孙从中受益。

被工业化和城市化改变的住宅条件是生活质量恶化的一个特别明显例子。工业化初期,当工厂的选址仍需与水力相关时,工厂主经常建造还

过得去的住宅村。他们的目的是从家庭手工业中获得工人。当蒸汽力使
工厂所在地不依赖于河道时,工业城市经历了急剧的人口增长。在1750
年至1850年间,英国总人口增加了3倍,而这些城市的居民人数却增加了
5~10倍。就这样,曼彻斯特的人口数从35000增加到300000。在1760年
仅15%的英国人口居住在城市,而在1841年增长到35%。迁徙活动主要
是从南部到北部以及从农村到大型纺织和采矿区。曼彻斯特周边地区成
为伦敦之后的第二大城市中心。

在城市中形成了包含种种负面形象的贫民窟。建筑投机商建起新的
住宅区并压缩了旧的住宅区。由于工资水平低和外来人员不断迁入,居
住人员过多,形成了床铺拥挤的宿舍和营房这样的极端情况。

英国自由资本主义搁置了城市供应系统和无害处理系统的建设。城
市既没有中央式饮用水供应,也没有下水道或垃圾处理的机构。议会调
查委员会于1839年的报告中写道:"无下水道的、未铺石块的街道到处变
成了烂泥地。垃圾成堆、饮用水不足、屋顶漏雨、地板腐烂、墙壁鼓起和后
院垃圾外溢。"这些糟糕的卫生状况导致伤寒和霍乱传染病疯狂传播,这
些传染病仅在19世纪30~40年代就造成80000多人死亡。工业城市的预
期寿命远低于农村。对此,可以确定有较大的阶层属性差异。上层社会
中平均预期寿命为38~44岁,而手工业者和工人仅为17~19岁。数值低
是由儿童死亡率异常高引起的。在工人家族中,约一半的儿童夭折于5
岁之前。

由饮用水污染造成的霍乱传染病也未放过资产阶级社区,这有助于
推动富人的社会意识的觉醒。因此,自19世纪40年代以来,城镇更加重
视城市基础设施,并越来越将其定义成公共任务。例如饮用水供应和垃

圾清除设施。它们促进了工人住房建设并借助建筑法规控制了霍乱。

包含大量问题的工业变革引起了许多社会斗争。1811~1816年间，传说中以名为奈德·卢德的织袜工命名的"卢德运动"成了斗争的高潮。卢德分子的中心在曼彻斯特周围的纺织区。卢德主义者捣毁了织袜机，即家庭手工业小型企业的手工劳动设备，但也包括大型纺织工厂的现代剪毛机和蒸汽织布机。他们破坏商品、纵火和抢劫。骚乱的支持者有的是自身生存受到威胁的家庭手工业者，也有的是想要阻挠先进技术竞争的中间商。最终，下层的抗议运动失败了。英国政府投入的大量军队残暴镇压了起义，法院判处起义头目死刑。

后来，破坏机器被称为"机器风暴"。卢德主义者对技术的原则性敌视观念与该概念有关。但是，这经不起更进一步的推敲。捣毁机器不是卢德主义的核心目标，而是斗争手段。劳动争端的公平形式几乎尚未形成，工人受到普遍的组织禁令。卢德主义者想用破坏机器来向工厂主施压，以促使工厂主在劳动纠纷中让步，或想使工厂主关注他们的问题状况。骚乱的诱因通常是饥荒、解雇、减薪、雇佣不熟练员工（以前是手工业者主导的）和其他更多因素。

6.1.1　轻工业中的技术

在工业革命前，英国的纺织业已是重要的经济部门。在18世纪中叶左右，约有100万人在此从业，约占总人口的10%。重要的纺织原料是羊毛。自中世纪晚期以来，英国的绵羊养殖和呢绒在欧洲享有盛誉。在18

世纪中叶左右,英格兰羊毛产品在全世界处于领先地位。绝大部分由羊毛制成的织物和长筒袜都用于出口了。

相比于羊毛,其他纤维就变得无足轻重了。亚麻种植和亚麻纺织厂在18世纪进程中才开始发挥更大的作用;并且其生产中心在苏格兰和爱尔兰。在英格兰,棉花与亚麻一起加工成混合纺织品。而中国的丝巾和印度的棉制围巾满足了上层社会的奢华需求。

中间商在纺织业中占主导地位。中间商要么是布料商人,要么是自己也从事生产的独立手工业者。纺织品生产的准备和后补工作则由手工作坊的雇佣劳动者完成。纺纱和织布这两个核心纺织过程在中间商组织的家庭企业进行。中间商向家庭手工业者提供纤维材料或纱线。家庭手工业者使用简单的设备、纺车或织布机制造纱线和布料。

在18世纪,人口增长提高了对纺织品的需求。对此,事实表明纺纱是生产扩大的瓶颈。根据纱线的精细度,需要4~12名纺纱女工给织工上料。纺纱要么非连续地在简单手动纺车上进行,要么连续地在翼型纺车上进行,这两种创新都来自中世纪。线的形成基于梳理机(一种梳子)生产的套毛带。

在18世纪,许多创新者努力通过机械化来克服手动纺纱的瓶颈。虽然第一台可正常工作的纺纱机于18世纪30年代已开发成功,但是,并未经受住实际应用的考验。据推测,最终在1768年获得成功的发明家理查德·阿克莱特的织机原理采用了较老的设计。阿克莱特的"水力纺纱机"将以不同速度转动,并由此拉伸原丝的卷轴组与自中世纪晚期以来就已广为人知的捻和缠线的翼锭进行组合。机器自动且连续工作。它可以手动驱动或通过马绞盘驱动。后来所取的名字"水力纺纱机"表明纺纱厂不久转换成水轮车中央驱动。这由阿克莱特的许可政策引起。发明人要求获许可人至少购买1000个锭子。最初结果是至少需要125台或250台机器,这样的数量最好用水轮车驱动,这是当时最常用的动力机。

水力纺纱机上只能纺棉花,更确切地说只有结实的经纱。经纱,即织物中的纵向线,在织布时受到较高的机械负荷。不太结实的纬线——纬纱在水力纺纱机纺纱时则会断裂。高品质的粗纱首先主要流入了制袜厂。阿克莱特在18世纪70年代建立了一个大型纺纱帝国并成为英格兰棉纱市场领导者。他位于德比郡的克罗姆福德机器纺纱厂成了早期工厂的原型,拥有众多仿效者。当时水力纺纱机中木材作为主要机械制造材料。到了18世纪末,机械工程师用铁和钢代替了木材,以此可以制造更大的机器,早期具有多达90个锭子。

大约在水力纺纱机同时期,市场上出现了另一种纺纱机,即手工织工詹姆斯·哈格里夫斯(James Hargreaves)的"珍妮机"。珍妮机的设计原理可以解释成对手工纺纱的机械式模仿。在不连续工作的机器上作业至少需要如同手动纺纱那么高的效率。其区别在于通过锭子数量增加引起的生产效率提高非常显著。最初,珍妮机有8个锭子,后来多达130个锭子。由于其手动驱动,珍妮机主要是在家庭企业中得到应用。从19世纪20年代以来制造的更大的机器需要动力机作为驱动装置。珍妮机完美地补充了水力纺纱机,因为柔软的纬纱只能够在其上纺制。

但这些纺纱机都各有利弊,而市场上一直缺少的是一台通用纺纱机。直到1779年织工塞缪尔·克朗普顿(Samuel Crompton)开发了这种纺纱机。他称之为"缪尔"(骡子)的机器结合了水力纺纱机和珍妮机的结构方案。它吸收了水力纺纱机的拉伸轴,从珍妮机吸收了交替捻和缠的非连续纺纱。不同于珍妮机,锭子在可移动的锭车上,纺纱师傅来回移动锭车,是一项高技巧,但是也费力的工作。

在缪尔机中,工程材料从木材到铁和钢的过渡使得锭子数量增加到数百个成为可能。所属的锭车宽度高达14米,重量为800公斤。这是纺纱师傅体力所能承受的极限。想要更大的机器则需要继续机械化成半自动机或自动机。18世纪90年代产生了半自动化的缪尔机,机械工程师理查德·罗伯茨(Richard Roberts)在1830年左右发明了全自动缪尔机——"走锭机"。

随着缪尔机的自动化,工厂主损害了已获得还不错的工作条件和高工资的熟练的缪尔机纺纱工人的企业内部地位。然而,在走锭机上只能纺粗的和中等粗细的纱,细纱仍依赖于半自动缪尔机。在高品质纱线占了很大比重的英国纺织工业中,直到第一次世界大战左右缪尔机纺纱一直占有主导地位。这种情况直到20世纪70年代才结束。

从手动纺纱到机器纺纱的过渡并不意味着不需要纺织技巧。用珍妮机和缪尔机作业依然需要很高甚至更高的技巧。自动机、水力纺纱机和走锭机三者所需技巧都各有不同。而珍妮机和缪尔机都需要机械技术知识,以便设置、监督、保养和维修。对此,还加入了辅助工作,例如连接断裂的纱线、放入原丝、取下纺好的纱线等。自动机导致了偏向操作的极化,虽然仍是以性别专有的方式。妇女和儿童主要做辅助工作,而男性工人则负责操作和监控机器。

更值得一提的是最后一台纺纱机由约翰·索普(John Thorp)于1828年发明,被授予美国专利的金属圈纺纱机。该机器被称为水力纺纱机的进一步发展。不同于带有笨重翼锭的水力纺纱机,金属圈纺纱机具有轻巧的用于喂线和捻线的钢丝圈,钢丝圈对喂线和捻线的机械负荷很小。金属圈纺纱机是一种通用机器。至今,它仍是纺纱机中最流行的。然而近几十年来,"自由端纺纱厂"带来了更有竞争性的工艺。转子纺纱厂能供应更加柔软的纬纱。

纺纱机械化之后是准备工作的机械化。在18世纪90年代产生了制造套毛带的性能良好的梳理机,即将带状纤维束转换成平行布置的机器。同时也产生由套毛带制造粗纱(即粗捻的纤维束)的机器。19世纪初出现了棉花包开包和机械式清洁并翻松的机器。

从18世纪70年代起,出现了大量配备纺纱机的工厂,这些工厂可供应数百万锭子。首批工厂与阿克莱特建立的工厂类型相符。这类工厂是一栋三到四层的砖砌建筑物,带有一个或多个用于驱动机器的水轮车。工厂中水力通过轴和皮带传动进行分配。从19世纪30~40年代起实现织机后建立了集成的纺织工厂,其中大部分工作借助机器完成。

第一台纺纱机主要加工棉花(因其纤维的强度更高)。因此,机械化是棉花胜过羊毛的原因之一。在一段时间后,机器也能纺织其他纤维时,棉花仍保有主导地位。棉花胜出的另一原因是其价格。英国殖民地和其他国家在种植园大规模种植棉花(部分使用奴隶)。后来,改良的品种用机器采摘。最终,棉比羊毛穿着更舒适,虽然其耐久性差。

在纺织品生产中,纺纱的机械化使得瓶颈转移到了纺织上。在1788年至1830年间,英格兰的手工织工数从10万增加到了24万。由于其在1830年左右加速机械化,纺织的"黄金时代"突然结束了。机械化开启了大量的"织工消亡"。在1860年,纺织工业仅剩大约1万名手工织工。相同的过程也在稍后的时间发生在其他国家。受西里西亚织工的社会衰弱的启发,戈哈特·豪普特曼(Gerhart Hauptmann)因此于1892年写了著名戏剧《织工》。

因此,与纺纱相比,织布的机械化在时间上延迟了3~50年。织布是一个复杂的过程,其中经纱、纬线、纬纱被引入纵向线系统中。为此形成一个梭口,即分别一部分纵向线交替地被抬高。纬线被穿入梭口并敲到已完成的织物上。自中世纪以来,织布的技术在很大程度上保持未变,就像当今人们在手织机上操作仍被作为一种业余爱好。然而,在18世纪,约翰·凯伊(John Kay)发明了一种更快的纬纱引导解决方案。在排除了一些发展过程中的缺点后,1733年开发的"飞梭"从18世纪60年代起迅速流行起来。

因此,织布由三个基本工序组成:梭口的形成,线的插入和敲打。作为神职人员的非专业人员埃德蒙·卡特赖特(Edmund Cartwright)在18世纪80年代中后期首次成功解决了机械化问题。但是,他的织机与手工织布带来的优势较小。此外,在该织机上只能生产简单、粗糙的织物。实际上直到19世纪20年代,高水平的技术员才设计出明显超过手工织布的织机。在1820~1830年这十年间,英国的织机数量从14000台增加到100000台。在很短的时间内,手织机的市场占有率就只剩很小的空间了。

最后,机械化还涵盖了布料上浆和布料精修的(下游)工作。对此,呢绒的生产是一个例子。未经处理的呢绒具有粗糙的细毛,穿着时会让人产生剐蹭感,穿着体验并不好。因此,熟练的、高工资的手工工人用大手剪(更像是超大剃刀)修剪布料,接着是压制呢绒。修剪的机械化在两个阶段中进行,借助辊子将布料拉到固定的剃刀上。于1815年开发的辊筒剪毛机中,它们在按照手动割草机原理工作的重型辊筒和剃刀之间来回移动。

1750~1850年期,英国的纺织品产量总共提高了8~10倍。约三分之一的产量出口了,三分之一通过人口增长消耗了,另外三分之一按人均分配的衣物购买量产生。用机器制造的粗棉布制成了针对广大阶层的工作服和日常服装。这就有了对工人的同时代称呼——"粗布夹克",指的是他们通常穿着的耐用棉绒衣服。与此相反,资产者被称为"绒面呢"——精美呢绒。

从约1800年起,缪尔纱线也制造了更精细的棉织物。麦斯林纱、麻纱、纱罗和薄纱成了质轻而质量上等女装的原材料。不仅上层社会,下层社会也被流行时装所吸引。上层社会中妇女杂志、时尚杂志和印在纸板上的图片都在传播最新的流行时装。下层社会借助繁荣的旧衣服贸易来获得时髦的衣服。至少以配饰、帽子、带扣、纽扣、带子、头巾等来获得时尚的印象。

服装也通过时尚的造型获得卖点。此外,通过材料的结构和颜色来产生做出新的款式的可能性。材料的结构可以通过将不同的纱线(例如棉和亚麻)加工成具有亮丽外观的混纺织物来改变,提花织造则是另一种可能性。通过不同的梭口改变经纱组合,可以织出不同的图案。生产简单的图案,人们使用多个踏板和机轴的织机就够了。生产复杂的图案,人们则使用复杂的系扎系统——"通丝"。青少年工人,通常被称为"拉丝男孩",以交替的组合方式将经纱拉高,并由此形成织出图案的梭口。在18世纪早期,经纱的选择是半自动化的,有专门的助手通过放入打孔卡片来控制经纱组合。1805年,法国政府资助的专业发明家约瑟夫·玛丽·雅卡尔(Joseph Marie Jacquard)研制出了以他的名字命名的机器。在雅卡尔提花机中,穿孔卡片不再由助手放入,而是由织布工自己借助踩踏脚踏板放入。雅卡尔提花机首先应用于里昂的丝织厂。从里昂传到英格兰,并针对其他纱线进行了改良。

给纱线、织物或衣服染色是时装样式流行变化的另一可能性。自18世纪60年代以来,织工借助升降梭箱箱座将不同颜色的纱线穿入梭口。雅卡尔纺织厂开辟了在织物中应用彩色图案的广泛可能性。另外,漂白的布料可以印染成彩色。在19世纪,针对贵重的织物铅版印染已机械化了。价廉物美的彩色布料生产自新的、生产效率大大提高的铜辊轮转印染机器。

纺织工业对其他工业部门产生了重要的影响。它是机械制造以及在工业革命过程中形成的化学工业最重要的需求方之一。如果不想穿原材料原色的纺织品,那么必须对原材料、纱线、布料进行清洁和漂白,然后才能对它们进行染色或印花。在前工业化时期,人们将漂白材料摊在草地上,需要每隔一段时间洒水,并将漂白过程交给太阳。草地漂白是一个漫长的过程,需要很大的面积的草地。因此,人们试着通过添加有机物来缩短时间。这种有机物包括从木材中获取的钾碱、脱脂乳、尿素和其他一些东西。自18世纪中叶以来,有机物漂白剂日渐被无机物取代。按照出现的先后顺序,有硫酸、氯和苏打。把这些无机物漂白剂放进大圆木桶中可以进行多阶段过程的漂白。

在医学上,人们很早以前就能在玻璃器皿中制备少量硫酸。而制酸用于工业生产的主要问题在于反应容器的增大。企业家约翰·罗巴克(John Roebuck)在1746年有了决定性的主意。他让反应在能够抵抗腐蚀性气体和酸的铅室中进行。通过这种铅室法,制酸的生产成本进一步降低。19世纪初,制酸从不连续生产过渡到连续生产和生产设备的扩大。

建造更大的铅室首先要求有新的连接技术，例如铆接、折边、钎焊和氢焊。首批罗巴克铅室的体积为6立方米，到19世纪20年代末，铅室的体积为1000立方米，1900年后不久铅室的体积为10000立方米。

1774年发现的氯元素的问题在于将其转化成适于运输和使用的状态。在18世纪末，苏格兰化学家查理·麦金托什（Charlie Mackintosh）将氯水改成含氯石灰，迈出了关键性的一步。含氯石灰可以用桶运输，通过用酸浇漂白粉释放氯以进行漂白。

工业上苏打的生产，背后是争取改变从大量植物壳中获取钾碱的草木灰法。1789年，法国医生、化学家尼古拉斯·吕布兰（Nicholas Lubran）发现了一种经济可行的方法。但是从19世纪20年代起，英国才开始大量生产苏打水。不到20年的时间，英国兴起了100多家苏打厂。物美价廉的苏打水使得漂白、玻璃品制造和肥皂生产价格降低。它使纺织品变得更加色彩斑斓，使玻璃成为工程材料，并为满足更高的卫生要求做出了贡献。然而，苏打厂同时也属于19世纪最严重的污染源。为了抑制有害物质排放，英国在1863年颁布了欧洲首部与生产有关的环境保护法。

6.1.2　重工业中的技术

在工业革命进程中，煤成为最重要的初级能源载体。煤的广泛运用意味着人类历史的根本性转变——从可再生太阳能系统到有限的化石能源系统的过渡。直到工业化前，人类利用的是基于太阳能的可再生能源，如木材、生物、流水。对此，人们必须适应这些能源固有的局限。煤以及后来石油和核能的利用极大地拓宽了社会的能源基础。如今我们意识到能量资源也是有限的,且其应用会导致全球环境被破坏。对工业革命时从太阳能到化石能源系统的过渡有相应不同的评价。一些历史学家强调,只有煤的使用才为工业的发展和由此产生的物质繁荣开辟道路。而另一些学者是对发展中的、环境友好的、可再生的循环经济的背离。

英格兰很早就发觉当地及周边木材紧缺,并由此引起价格上涨。这种价格上涨促使从中世纪晚期到近代早期以来对煤的使用日益增加。在17世纪,矿井已经可以挖掘深达100米。在工业化之前和工业化早期,家庭供暖处于煤炭消耗量的顶端。此外,许多行业都需要煤炭能源,如盐场、玻璃制造厂、陶器坊、砖厂、啤酒厂、铜冶炼厂等。随着工业化,其他能源的大量消耗者加入其中,如钢铁生产、化学工业,后来是蒸汽机。蒸汽机在19世纪进程中发展成为最重要的工业动力。

在工业化期间,煤矿开采的生产效率仅得到了略微的提高。直到19世纪晚期,现场开采仍继续使用双面锤、铁和尖头十字镐这些传统的手工工具和技术。开采量的扩大首先通过扩大开采区和增加劳动力来完成。使用纽科门蒸汽机和后来的瓦特蒸汽机能够将矿井水从更深的地方往上提。在1730年左右,英国的煤矿开采最深只能达到约200米,而在19世纪30年代达到约600米。

由于条件困难,采矿机械化所需的时间比其他行业要长。在19世纪,煤矿的开采使用了越来越多的蒸汽机,更确切地说首先用作提升机,后来用于矿工井下作业。这项技术的先决条件是自19世纪30年代以来产生的用钢丝绳代替麻绳的做法。辅助设备将装载容器中的煤从开采点运至装载点,或者直接将煤装到在木制或铸铁导轨上运行的运矿车中。

在较高的隧道中用动物拉车；在矮的隧道中用儿童和青少年，有时需要他们在低矮的隧道中爬行。1840年，英国的一个采矿区中矿工超过40％是青少年。后来立法限制童工劳动，这使得在矿井工作的驴、矮种马的数量激增，这些动物的厩棚设在山中，并且它们从未见过日光。

另一波机械化的浪潮在19世纪晚期才兴起。专门的安全炸药、从下面斜切含煤层的掏槽机和风镐使得在合适的岩层中的煤矿开采变得更容易。在19世纪与20世纪的世纪之交后，煤矿中采用簸动运输机且后期用传送带将煤从长壁工作面中运出。从19世纪60年代起，运矿车在由中央动力机驱动的链滑车和复式滑车主路线上行驶。从19世纪80年代起则开始使用电机车或压缩空气机车。总的来说，井上和井下的作业中，电能的使用增加了。

在井下作业对工人来说意味着极高的风险。每年有上千名矿工死亡。19世纪，事故原因主要有井下气体爆炸，即瓦斯爆炸，由于忽视隧道支撑而造成的逆掩层坍塌，以及工人由于缺乏安全防护措施而跌落矿井中等。矿主很少会去主动思考如何提高井下作业的安全性问题，而更多的是依靠公众和政府的倡议。因此，私人协会在此起到了一定作用，为了提高工人操作的安全性，应私人协会的建议而开发了安全灯。英国在一次重大事故后，规定矿井中必须设置提供新鲜空气的独立通风井。后来，坑道不再用木材加固，而改用金属。以此方式，大概从20世纪开始，在工业国家中死亡事故的数量成功降低。由于越来越多的机械化和自动化，第二次世界大战后的事故频率甚至接近工业平均水平。

在工业革命进程中，增加了对铁和钢的需求。建筑技术（桥梁和建筑物的建造）、交通运输（如铁路和铁船）以及机械制造这些都需要铁和钢。

在工业革命前夕,不论是数量上还是质量上英国都不处于欧洲铁生产的最前端。铁需求很大的一部分主要依赖于从瑞典、俄罗斯和西班牙进口。直到约1780年,英国进口的铁仍多于自主生产的。冶炼铁矿石和生产钢需要木炭,在森林资源缺乏的英国,木材是非常昂贵的。因此,无论是从成本还是从资源方面为了满足工业化发展对能源的需求,煤都是更为合适的能源。但是,对煤的利用最大的问题在于煤中含有影响铁质量的物质,如何提质是技术改进的重点。在成功引进用煤生产铁和钢的新方法后,英国在1800年后成为世界上最大的铁生产国和出口国。

可塑钢的加工可以分为两个阶段:首先是在高炉中将铁矿石冶炼成生铁,并将(其中碳比重减少)生铁的精炼,然后是浇铸钢或通过锻造、轧制或挤压成条铁、扁铁或铁片。用焦炭或煤代替木炭首先发生在冶炼过程中,然后应用到精炼过程中。亚伯拉罕·达比在1709年生产了首个可使用的焦炭生铁,他在其英格兰中部地区的冶炼厂制造了铁质铸件,如日常用的锅。但从18世纪60年代起焦炭高炉(在该过程的技术性和经济性被改良后)才得到广泛的推广。

生铁生产的进步引发了铁的精炼的经济性瓶颈。商人亨利·科特(Henry Cort)在1784年发明了克服该瓶颈的最重要技术——搅炼法。科特的发明思想在于他在搅炼炉中将其所使用的煤与生铁分离并因此阻止了杂质。搅拌工人用一根很重的棒搅拌液态铁水池并以此设法使碳燃烧。这是一项需要丰富经验的重体力劳动,从事这项工作所需的知识只能在熔炉本身获得。

欧洲在不到几十年间内建造了上千座搅炼炉。这种手工搅炼法在19世纪70年代传播最广泛。之后,手工搅炼法被贝塞麦法、托马斯法和西门子-马丁法这些量产钢工艺所取代。英国专业发明家亨利·贝塞麦（Henry Bessemer）于1856年发明了首个成功的量产钢工艺法。在贝塞麦法中，鼓入的空气搅动转炉中的液态生铁，其中燃烧掉了多余的碳和其他的杂质，然后进行浇铸和轧制。首批贝塞麦转炉在近半小时内就生产了搅炼炉的一日产量，而后期的转炉具有更大的容量。

1878年发明并以化学家西德尼·吉尔克里斯特·托马斯（Sidney Gilchrist Thomas）命名的托马斯法将贝塞麦法扩展到了高磷矿石的应用中。两种方法的区别主要在于转炉的内衬不同。第三种重要的钢铁工业生产方法——西门子-马丁法，针对特定的生铁质量产生于1863～1864年，并在19世纪80年代进一步发展成为通用的精炼法。它利用了蓄热式炉中的余热并由此达到很高的过程温度。西门子-马丁炉也能用于熔炼废钢。

不同的钢有不同的应用领域。1830～1890年的大型量产业务铁路铁轨所用的钢主要是由贝塞麦法制成。相反，托马斯法炼出的钢由于其质量较差不适合19世纪的大市场——铁路铁轨和船板。其优点在于，这种钢比贝塞麦法炼出的钢软且更容易加工。德国冶炼厂用托马斯法主要生产线材、焊管和用于进一步加工的特定半成品。船板以西门子-马丁钢为主流，但它也特别昂贵。由于价格低廉，托马斯钢一直保持到20世纪60年代，西门子-马丁钢甚至更久。然而随着时间的推移，在1949年发展起来的吹氧法（在该方法中用喷枪将纯氧吹入铁水池）以及电轧钢生产夺取了较老的工艺的市场份额。

钢铁生产大国（由于原材料、工资和市场的差异）首先形成了彼此有差异的炼钢厂方案。其中可以看见不同国家技术风格和技术文明现象。在英国，较为简单的炼钢以贝塞麦法和较为昂贵的炼钢以西门子-马丁法为主流。特别是在优质钢方面英国的炼铁厂具有领先地位。在19世纪后期,英国最重要的创新在于能效。人们开发了一种连续的过程,在该过程中矿石通过"一次加热"加工成生铁,生铁加工成钢,钢加工成轧制产品,即不需要将半成品冷却并重新加热。在20世纪时得到完善的"复合工艺"中,供给到高炉中的能量甚至能满足整个冶炼厂的能量需求。

美国炼铁厂集中于满足国内铁路建设的巨大需求。因为高昂的保护关税封锁了国内市场,因此,成本和质量只扮演了次要的角色。由于劳动力缺乏,关键性问题在于如何完全地生产以满足所需的量。快速生产是对该挑战的一种答案。人们努力使各生产阶段进行最优的配合并加快企业内部流程。因此,不同于欧洲改进方法以使贝塞麦转炉的底部更为坚固,而是开发出快速更换的方法以代之。美国的快速生产压缩了工作并随之带来更高的压力。为了支持工人,钢企业主在全额工资差额补偿情况下减少了工作时间。

德国流行的托马斯法的特点是可以加工含磷量高、售价便宜的矿石。首先,它很少与质量优良的贝塞麦法和西门子-马丁法竞争,而是与搅炼钢的生产相竞争。钢的铸造经证实是生产经济性的障碍。许多小零件的铸造需要相当多的时间。该工艺通过对精炼和铸造的空间分离实现了加速。蒸汽驱动的车辆抬起转炉钢并将其运至单独的、有时间和空间铸造的铸造车间。

自19世纪60年代以来,工业大国的钢铁工业以此方式发展出了专门的解决方案。英国采用了节能的连续工艺,美国采用了快速生产,而德国采用了精炼和铸造的空间分离。自19世纪晚期以来,这三种要素紧密结合,并构成了现代炼钢厂的基本要素。

6.1.3　机器世界和生产系统中的技术

工业革命时期是以使用水力作为最主要的能源。1815年左右,英国蒸汽机才超过水轮车(按总功率来看)。但是,从长远来看,蒸汽机产生了两个革命性的影响。它使工厂不依赖于河道旁的位置,并且为工业的发展拓宽了能源基础。

定居于英格兰西南部的铁器商和铁匠托马斯·纽科门于18世纪初制造了第一台具有实际意义的活塞式蒸汽机。无效率的、运行缓慢的大气式蒸汽机利用了汽缸内冷凝产生的低压与外部大气压之间的压差进行工作。它消耗了大量的煤,但在最重要的应用目的中,即在煤矿排水设施的泵的驱动中并未发挥重要作用。在1800年左右,英国的煤矿开采中有1000多台纽科门蒸汽机。

自18世纪60年代以来,詹姆斯·瓦特就开始着手纽科门蒸汽机的高燃料消耗量改进工作。他的决定性想法在于,蒸汽不再在汽缸中进行冷凝,而是在另一单独的容器——冷凝器中进行冷凝。以此方式在纽科门蒸汽机的汽缸被不断加热和冷却期间,汽缸保持高温,而冷凝器保持低温。除了能源优化外,瓦特还通过大量的改进将蒸汽机变成了通用的工业动力机。在1800年之后,当瓦特的基础专利到期时,蒸汽机高速传播开来。其他创新者将詹姆斯·瓦特的低压蒸汽机发展成高压蒸汽机,并为此将铁路开辟成了新的应用领域。

大约长达一个世纪之久,蒸汽机都是最重要的工业动力机。在19世纪进程中,出现了其他动力机。水轮车的结构得到了改进。大约从1820年起,开发出了水力涡轮机。不同于水轮车,水力涡轮机中轮叶得到充分的工作。法国、德国和美国的缺煤,但水源丰富的地区成了水力应用中心。活塞中燃料-空气混合物的爆炸有望比蒸汽压的利用获得更大的能量输出。由此产生的巨大威力的控制给机械制造提出了巨大的挑战。直到进入19世纪60年代,才有可经济使用的煤气机。但是,伴随着从1876年起以尼古拉斯·奥古斯特·奥托(Nikolaus August Otto)命名的奥托发动机和从1897年起以鲁道夫·狄赛尔(Rudolf Diesel)命名的柴油发动机的问世,内燃发动机才取得突破。在20世纪的进程中,这两种发动机赢得了越来越多的应用。首先是作为固定设备,随着时间的推移还可作为道路车辆、轮船和飞机的驱动器。此外,从1880年起电动机加速进入工业和交通事业中。大量新的电动机驱动装置不断将蒸汽机挤到很小的空间中。随着蒸汽机改用汽轮机,它保留了发电厂发电这个最后的大市场。

如果蒸汽机对工业革命的地位和价值被长期高估,那么机床的地位和价值就被低估了。机床在1800年后才得到大规模使用。以前,不管是早期的纺织机,还是早期的蒸汽机都是用常规的金属和木工加工工具制成的部件。合格的手工作业可以达到很高的质量,但是需要相当高昂的费用。纺织工业推动改变了该体系。首先对铁材组成的纺织机和批量零件例如齿轮、锭子、拉伸轴和梳理机小钩的需求无限扩大了。为了满足这些需求,专业公司设计了专用机床。

大约在18世纪和19世纪之交,开始开发用于金属切削加工的通用机床。因此,通用车床意义重大,因为动力机和工作机中轴对称的零件比重很高。在车床和其他机床中,工件被夹紧且刀具被机械式导入。

后来设计的自动机根据机械式或电子式存储的指令控制刀具和工件之间的所有相对运动。

通用车床是长期开发工作的结果。机械师亨利·莫兹利于1794年制造的、配备滑动刀架的丝杆和主轴的车床做出了重要的贡献。不久后,他根据这台螺纹车床推出了通用车床。亨利·莫兹利的重要贡献不仅在于他的机器,而且还在于不少知名的英国机床制造师都从他那里学到东西。当他们出师后,便自己独立制作。建立一个小作坊的资金需求很小,收益则可以为企业的成长提供经济支持。

车床构成了机器工具技术代替手动工具技术的核心要素。在随后的几十年中,又出现了其他切削机床,如刨床、铣床、钻床等。后来,工作机借助工具机进行制造。在一个较为漫长的历史进程中,机器作业系统取代了手工作业系统。机床被广泛运用的结果是扩大了机器世界。工业机器、农业机器、运输机器、通信机器和战争机器改变了工作和生活。

大多数的机床来源于英国。其他工业国家从英国进口机床,并复制、修改和改进了机床。在19世纪的进程中,英国的机床工业不得不与其他国家共享其领先地位,这其中就有美国。美国的机床工业在为批量生产开发可互换件方面特别重要。

19世纪的机械制造是一种由机械作业和高水平的手工作业组成的混合系统。在切削加工时,机床以省时省钱的方式制造坯件。但是,机加工的零件精度不高。在装入到机器中时,它们需要用锉刀、刮刀或金刚砂工具进行手动返工。因此当时金属工匠作业甚至比机床还要精确。

武器生产是实现可互换性的最大推动。在战争冲突中,可互换制造为不能使用的毛瑟枪或手枪部件的快速更换提供了可能性。自19世纪

20年代以来,美国兵工厂解决与可互换制造相关的问题,还是通过由机械作业和合格的手工作业组成的混合系统。由此产生的较为高昂的费用由军方承担。同时,也产生了可互换零件的挂钟和台钟。从这些先驱工业出发,可互换制造进入到了其他行业:缝纫机、农业机械、打字机、自行车制造以及更多领域。耐用的技术消费品的可互换制造和批量生产奠定了"美国制造系统"的声誉和成功,正如自19世纪中叶以来同时代的人称之为美国生产系统。

在美国由专业的机械作业和合格的手工作业组成的混合系统所需的技工紧缺,并且劳动成本相应较高。因此企业家和工程师更加努力地减少手工作业的比重或(最好)使其完全消失。在19世纪和20世纪之交,通过一系列措施,特别是改良的机床和零件检验的新检测方法实现了批量生产的可互换制造。

19世纪生产技术的变革与提高企业效率的努力有关。后来流行以"合理化"这个概念统称对此所使用的技术和组织措施。自19世纪70年代以来,由于高昂的工资费用,合理化运动在美国特别活跃。有一大批无名的工程师和商人参加了该运动。然而,例如弗雷德里克·W.泰勒和亨利·福特这些人物成为公众心目中的典型代表。

福特的名字更多与机械化和流水线相关,而弗雷德里克·W.泰勒更多与工作组织的变更相关。当今,"泰勒化"这个概念(从历史的观念来看并非完全合理)已成为劳动分工和去技能化的同义词。弗雷德里克·W.泰勒将许多已知的合理化措施总结成学说,并以出色的宣传天赋在业界和公众中进行推销。他的综合性代表作《科学管理原理》于1911年出版。书名翻译成德语为《Die Prinzipien wissenschaftlicher Betriebsführung》,该标题已揭示了其关键点：弗雷德里克·W.泰勒要求通过精确的科学方法来代替旧工厂中受经验和经验法则影响的工作。其学说重点是对工作过程的分析。他的观点在于，给每项工作配置"唯一的最佳方式"，即最优的实施方式。这种所谓的最佳方式适合通过观察和测量确定，然后相应地指导工作。此外，弗雷德里克·W.泰勒还用秒表测量各工作步骤的时间。在各个最好的工人测得的最短时间基础上加上任意的附加值，并宣称是标准时间。然后弗雷德里克·W.泰勒在该基础上确定工资。虽然他强调工人不应负担过重，但是泰勒模式安排的工作通常意味着工作量的加强。

弗雷德里克·W.泰勒将工厂的核心角色分配给了工程师。在新成立的企业办公室里（如今称为准备工作），他们承担了以前委托给师傅（或工人本身）的任务。工程师设计工作流程，并以详细的指导书形式来指导工人。借此弗雷德里克·W.泰勒创立了一种介于工人、师傅和管理层之间的新机构。

亨利·福特的重要性在于他将高度复杂的产品、汽车的量产原则付诸实施。福特通过自1908年以来只制造唯一的一种汽车，即T型车，并据此来安排整个工厂，将在美国本来就存在的类型化趋势推向了顶峰。他的目的是通过坚定不移地使用机器和最现代的生产技术来降低车型的价格。将机器不能完成的工作留给工人，装配尤其属于这种情况。

流水线成了福特生产技术的象征。更准确地说，涉及的是一种贯穿整个工厂的流水线生产系统。在1913～1914年，几乎整个工厂都进行了改造。轨道、滑车组、链条、皮带和滑道承担了零件的传输。最大的困难在于在流水线制造过程中将工作分割成时间相同的单元。至今，员工的技术和技巧仍决定了子工序。现在，流水线速度规定了时间节拍。流水线控制了工人,并将现有的他决推向了顶峰。

福特汽车公司主要的人员流动证明,工人认为流水线上的工作有压力且令人不满意。在美国工业和底特律汽车城中的人员流动已经很大,但福特的人员流动更大。在雇佣的工人中,只有很小部分人长期待在工厂里。大量人员外流迫使管理层采取行动。当工人满足高要求时,他们在福特大概可以挣得普通工资的两倍。公司另外还以三班工作制将工作日缩短到9个小时。

技术组织措施引起的生产效率提高使得福特能够以不寻常的力度给T型车降价。在1908~1916年,价格从850美元下降到了360美元;同期内,汽车年产量从6000辆提高到577000辆。在20世纪20年代初,福特占有美国汽车市场的份额超过50%。在战间期,汽车从有钱人的奢侈品转变为中等收入阶层的大众产品。但是,福特的类型化和机械化概念对此已达到其极限。客户越来越不喜欢福特的标准车型。他们更喜欢经常更换车型的其他制造商的汽车。结果,福特于1927年停止生产T型车。刚性批量生产已被柔性生产形式所取代。

工业批量生产意味着通过技术和组织措施来提高产量,而不会相对增加职工的数量。在许多情况下,工人的数量甚至会随着产量的提高而下降。在19~20世纪,批量生产已被广泛应用于工业、液体和散装货物的生产(例如面粉和啤酒),简单的按件出售的货物(例如玻璃、陶瓷和纱线),复杂的按件出售的货物(例如汽车),能源供应系统的能源转化和信息处理。合理化和批量生产遵循一系列普遍原则。属于此类的有生产友好的设计,通过类型化和规格化达成的标准化,通过扩大生产单位增加物料、能源和信息流,加速工艺过程以及生产的持续性和连续性,节约性以及机械化和自动化。

在机械制造中,批量生产首先需要高度熟练的工作。当然,在19世纪就已开始努力使该工作尽可能多地机械化和自动化。机器工厂制造在很大程度上能自动化生产如纱线、钉子、铆钉或螺钉这些批量产品的生产机器。这些商品批量生产时,昂贵的机器和费用高的准备工作才有可能获利。自动化方向的另一步骤是将毛坯和半成品机械式转移到加工机器上或从一个机床转移到另一个。

在20世纪50年代下半叶,人们开始使用计算机来控制和调节工业设备,首先是在炼油厂和发电厂。同时,计算机控制的机床上市。美国直升机旋翼制造商约翰·帕森斯公司在1950年左右与麻省理工学院(MIT)共同建造第一台数控机床。该工作受到美国空军的资金支持。在制造复杂的、根据空气动力学角度计算得出的纵断面时应用了计算机控制。这样的纵断面总的来说只能以此方式低成本地实现。事实证明,数控对于其他的目的不够灵活。自1975年以来引入工位编程后,销售量才增加。特别是在小批量生产时应用了这种灵活的系统。

计算机控制的机床被认为是自动化从批量生产扩展到小批量生产和单件生产的第一步。在第二次世界大战后,研发者开始对自动化给予大量的关注。这为使用电子计算机提供了一种可能性,即通过计算机来控制整个生产并汇集工厂中的信息流。后来的"柔性制造系统"概念是以彼此配合的数控加工中心和转移设备为出发点的。当工业机器人接手例如点焊这种单独的装配工作时,自动化的先驱者开始宣传"无人工厂"的愿景。很长一段时间,人们认为服务和行政部门是不可自动化的。自20世纪60年代以来,电子计算机性能的提高和价格的下降,用事实证明这是错误的。在生产中,由此形成的超前的愿景,例如"无纸化办公"都实现了。

当今,计算机和自动机已是生产和管理不可或缺的部分。它们节省了大量重复工作,并使得大量生产业降低了产品价格。没有计算机和自动机,不少产品和服务完全不能完成。但是,这并不意味着人和旧的存储介质将从生产和管理中完全消失。无论如何,"无人工厂"和"无纸办公室"的愿景已在此期间付诸实践。

6.1.4　运输和通信革命

英国工业革命并未随着运输业技术革命而出现。运输工具和交通路线,即沿岸航行和内河航行以及公路与几百年前一样。然后,在19世纪上半叶伴随着蒸汽力的应用,在铁路以及海船和内陆运输船中发生了技术革命。但是,运输业此前就已得到相当大规模的扩建。道路的连接得到持续改善,并在1780年后产生了许多新的运河。

18世纪最好的石砌街道不是在英国,而是在专制主义的法国产生的。相反,在英国以靠运输而压实的土路为主,路况通常很差,原因一方面在于多雨的气候,另一方面在于乡镇对良好的远程连接没什么兴趣。自17世纪中叶以来,道路建设措施的推动力来自邮政马车交通。1663年议会批准对某些道路征收道路通行税以及设立带旋转式栏木的关卡,即所谓的收税关卡。随后,新的收费公路系统流行起来,并到1810年为止增加到32000多公里。

在18世纪和19世纪之交,随着道路建设的创新,出现了一些道路检察员和"土木工程师"。他们当中最著名的是苏格兰人约翰·劳登·马卡丹。马卡丹推广了在排水良好的地基上修建的碎石路。在20世纪机动车对道路建设提出新挑战之前,碎石路不仅在英国,而且在大多数欧洲国家都是最流行的远程道路类型。

在道路上不仅有客运马车,而且有货运马车和驮畜。货运规模超过了客运规模。在17世纪和19世纪之间,马车从豪华车发展成了普通的客运工具。技术创新与耐久性、重量和摩擦有关。铁这种材料越来越多地取代了木材。在19世纪上半叶,带自支撑车身的、位于轴上的椭圆形压缩弹簧和块式制动器的马车开始流行。

与其他国家一样,英国的混合系统也是由私人和国有邮政组成的。邮政按照驿站系统进行运行,即在特定站点更换马匹。由于道路和马车的改善,但主要是省时的邮政组织,在工业化时期实现了出行时间的缩短。1750~1830年,邮政马车的乘车时间平均约下降了三分之二。

在前工业时代,专制主义的法国不仅在道路建设方面领先,而且在运河建设方面也领先。在17~18世纪,法国建造了一系列大型运河。最著名的是米迪运河,它连通了地中海与大西洋。英国的运河建设落后于欧洲大陆。

在17~18世纪,主要以煤和其他大宗货物的运输推动了河流的整治和新运河的建造。在工业化期间,即1760~1830年间,内陆水道的长度增加到原来的3倍。随后,铁路让运河建设再次减少。私人投资者投资的运河试图在起点和终点之间实现尽可能短的距离,而不依赖于天然的水道。为此,土木工程师并没有畏惧如路堑、路基、运河桥和隧道这些高成本的人工构筑物。他们利用水闸或斜平面来克服高度差,在这些倾斜平面上船舶通过动力机抬高或放下。

这些运河大幅降低了大宗货物的运输成本。它们对于内陆煤炭的开发和销售以及炼铁厂的设立具有重大意义。但是运河网络也有不小的缺点。它未形成一个统一的系统,运输时间长,并且在冬天和干燥的夏天有时会停顿。而铁路开启了运输革命,并在相对较短的时间内使得运河(为了保有真相)失去了影响力。在19世纪下半叶,运河系统大大地失去了其经济重要性;当今,它主要用于旅游业。沿海航行比内河航行运输的货物量要多。例如,伦敦通过沿海船舶从纽卡斯尔的东北煤区采购了大部分煤。其他的英国城市大多离海岸不远。

在19世纪,两种技术发展改变了航运:风力到蒸汽力的过渡和建筑材料中铁取代了木材。比起陆地车辆在船上更容易安装蒸汽机。最初以桨轮作为驱动装置,自19世纪中期以来则以螺旋桨为驱动装置。蒸汽海运从与海峡相汇的大河流开始。与困难重重的陆路交通线相比,它们提供了更好的运输可能性。1807年,罗伯特·富尔顿(Robert Fulton)在纽约和奥尔巴尼间的哈德逊河上首次用桨轮汽船进行了连续航行。短短几十年内,就有数百艘轮船航行在美国河流上。桨轮轮船主要运送人员。特别是移民者为了快速并低成本地到达他们的目的地,要忍受极差的条件以及海难或锅炉爆炸引起重大的危险。

短短几年后,轮船也出现在欧洲河流、湖泊以及沿海航行中。但轮胎在运河和公海航行时却出现了重大的问题。在运河中,桨轮引起的湍流破坏了简易的护岸设施。在19世纪末,一种新的运河建造方式才带来补救措施。机器系统和燃料的空间需求较大阻碍了蒸汽机在海上交通中的应用。另外,起伏的波浪给明轮船的航行造成了困难。

从19世纪40年代起才出现跨大西洋的班期航线。帆船由于能效优势,竞争力一直保持到19世纪末。与此相对,轮船具有可预测性和准时性的优点。各国均对有规律的邮件运送感兴趣,并对轮船运输进行了补贴。自19世纪70年代以来,欧洲移民美国和世界其他地区的人越来越信任轮船。1869年开通的苏伊士运河和与此相连的多半时间无风的红海对于帆船无论如何都没有优势。该运河在很大程度上缩短了欧洲和亚洲之间的交通时间。连接美洲东西海岸的巴拿马运河具有相同的功能。由于地形、地质和气候条件相当困难,巴拿马运河于1914年才完成。

木结构建造方式限制了船尺寸的扩大。铁这种新材料逐渐应用到航运中,首先用于单独的、高负荷的零件。通过实施铁结构建造方式,英国才在世界造船业中取得领先地位。从19世纪30年代起,英国造船厂开始建造大型铁船。1851年,由斯塔佩尔批准的工程师伊桑巴德·K.布鲁内尔主持的"大东方"号长为210米。自19世纪70年代以来,铁船制造已普遍获得成功。这也与新的冶炼和精炼方法降低了铁的价格有关。大型的铁轮船为世界贸易的扩大和全球化的新潮做出了重大贡献。一直到第二次世界大战后,它都是各大洲间客运的最重要的交通工具。

在陆地上使用蒸汽力相比在水上遇到了更大的困难。对此,铁轨不久被证实比道路更适合蒸汽机的使用。中世纪晚期,在采矿业中已存在人或动物驱动的木轨车。在1800年左右,英国的采矿企业和炼铁厂拥有约500千米的轨道,在这些轨道上马车运输来自最近的水路的煤和矿石或把产品运输到最近的水路。在19世纪初期,矿山工程师将首批蒸汽机车设计成了矿山运输机械。当时技术挑战一方面在于将低效率的低压瓦特蒸汽机进一步发展成高压蒸汽机;另一方面在于能胜任高负荷且经济实用的上部结构,即为由搅炼铁制成的轧制导轨。

在大量的蒸汽机车制造的创新者中,大多数推动力来自斯蒂芬森家族,父亲乔治·斯蒂芬森(George Stephenson)和儿子罗伯特·斯蒂芬森(Robert Stephenson)。斯蒂芬森家族不仅于1823年在纽卡斯尔建立了一家向世界各地供应机车的工厂,而且还修建了特别重要的路段,例如1830年开通的曼彻斯特与利物浦间的连接线。铁路路段的运行成了蒸汽机车应用的典范,一家垄断公司负责了整个交通。该路段用于运输人员和物资,并且它只供机车行驶。不再有马拉的车辆和通过倾斜平面拉升火车的固定式蒸汽机。蒸汽牵引的技术保障和路段的经济成功促进了进一步的铁路建设。在20年内,铁路线覆盖了整个英国,但是,从技术不统一的单线连接线变成与之相匹配的铁路网络经历了很长时间。

同在其他工业国家一样,英国铁路对于经济发展以及对这些国家的启发和共同成长具有重大意义。美国铁路建设开始得很早,并且不久就超过了所有其他工业国家的线路长度。19世纪20年代至30年代,美国在东海岸建立了首条单线连接线。到20世纪中叶,美国铁路拓展到了中西部地区;芝加哥发展成为一个重要的枢纽。第一条横越大陆的路段于1869年完成。而克服更远距离需要以快速且便宜的方式来铺设数千公里的铁路,因此,美国铁路建设对待人的生命非常漫不经心。例如,许多工人在铁路建设时牺牲了,并且在用劣质材料匆忙建成的单线路段上发生了许多事故。在欧洲,铁路连接了城市中心,在美国,铁路则用于土地开发。沿着路段形成了住宅区,在连接点附近形成了城市。美国铁路网在1916年达到了最大规模。此后,由于批量使用机动化,铁路网又缩小了。

　　德国首条由蒸汽驱动的路段,是 1835 年开通的纽伦堡和菲尔特间的连接线,这是一条短的地方铁路。但是,铁路的成功对其他计划产生了重大的影响。在接下来的十年间,相邻的城市间修建了大量的连接线,最长的是 1839 年在萨克森州德累斯顿和莱比锡的连接线。直到 1850 年,德国在各州建立了初步的全国性网络。此后,铁路得到加强并彼此相连。大多数路段由私人发起。政府一开始并不支持,但还是通过征收法为铁路建设创造了必要条件。显然,私人投资者只选择有利润的连接线,而忽略偏远的地区。在这种背景下,国有铁路的想法流行起来。自 19 世纪 80 年代以来,许多私人公司被国有化,铁路机车逐渐发展成了公共交通工具。

　　德国首批铁路机车主要来自英国,但也来自其他国家。从大约 1840 年起,德国出现了独立的机车工业。技术转让以常规的方式进行。起初是维修和仿造外国模式,后来是独立设计。在德国铁路修建与早期工业化同时进行,并发展成主流经济部门。铁路成了机械制造和冶金工业的最重要业务领域。此外,铁路降低了运输价格,并由此提高了国民经济的创造价值。

　　铁路大大提高了长途路线的平均行驶速度。1800~1850 年,平均行驶速度从每小时 3~4 公里(通过邮政)提高到每小时 33 公里(通过铁路)。另外,铁路旅行(至少在下层阶级中)费用比邮政马车旅行少。铁路在很大程度上改变了人们的出行行为。人们可以忍受更长的上班路程和进行更多的商务旅行、周日出游、探亲和假期旅行。这方面可从该事实看出,即铁路线建成后两地间的客运量增长了 20~50 倍。

　　一方面铁路拉近了各州。跨国界的交通在缓慢,但稳定地增长。最大的工程技术挑战是山区的铺轨。早期的阿尔卑斯横贯铁路没有越岭隧道,1854年塞默林铁路开通,1867年布伦纳铁路开通。1871年在塞尼山开通了一条12公里长的大型越岭隧道,1882年在圣哥达开通了15公里长的越岭隧道。另一方面,许多铁路设施是为了对抗邻国。自19世纪50年代以来,铁路运输在战争中被用于部队的行军和后勤补给。

修建铁路的目的是运输人员和物资,发明电报的目的是传输信息。电子电报的先驱可以追溯到很久以前的光学电报。最早的国家已用烽火和其他光学系统传递信息。在大革命时期的法国,第一个较大的联网的光学电报系统于18世纪90年代出现。法国利用从荷兰一直延伸到意大利的铁架电报来传输重要的军事和政治消息。

但是,光学电报的缺点也逐渐显现出来了,它依赖于良好的可见度。

19世纪30~50年代,光学电报被电子电报取代。电子电报在一系列的物理和技术创新基础上建立起来,如电池、导体、电磁学和电码。19世纪30年代最先进的系统利用书写装置的电磁偏转进行工作,该书写装置还可以在纸上标记二进制代码。该发明的转化在德国各州被延迟了,因为人们仍以国家电报的维度进行思考。

相反,在工业化程度更高的美国和英国,电报工作一开始就从商业角度进行。银行和贸易商期望新技术能够更快地处理订单。在美国,铁路公司对新的通信技术显示出了极大的兴趣,该通信技术有望以低成本跨接较大的距离。最终,美国成为电报传播的先驱。由美国画家和艺术史学家塞缪尔·摩尔斯(Samuel Morse)于1837年开发的电子电报最初其实是落后的。但是,这并不要紧。后来,命名为摩尔斯字母的点划文字(尽管已有其他发明)才证明了其商业上的成功。

1844年,摩尔斯和他的合伙人借助公共资金开通了首个64公里长的试验距离。四年后,佛罗里达是美国密西西比州东部唯一尚未与电报网络连接的州。1861年,在横贯大陆的铁路建成几年前,首条连接大西洋与太平洋的电报开通了。许多私人公司视电报为有盈利希望的创新,快速扩建了他们的网络。

在欧洲国家或地区,电报的运用开始得比美国晚。首条较长的线路在1848~1849年形成。对此,人们最初只看上了给国家电报预留的系统。但是很快就表明,最大的需求来自私人领域,从事国内和国际贸易的公司、银行和向其报纸客户提供最新信息的通信社。

国际协议表明,电报已迅速发展成为一种跨国界的媒体。在穿过河流、湖泊和海洋铺设电报电缆时出现了较大的困难。一些企业利用古塔橡胶、东南亚橡胶树的汁发现了合适的绝缘体。此外,他们为了在世界海洋中铺设电报电缆,需要更好的电缆结构、特殊的船舶、生产控制方法、合适的敷设机、有关海底结构的信息、断裂电缆的保护和铰接技术、灵敏的接收器和其他东西。

在19世纪50年代铺设的第一条海底电报电缆连接距离较短,例如运河、苏格兰与爱尔兰之间的海峡或南欧与北非之间的地中海。纽约造纸商塞勒斯·菲尔德(Cyrus Field)的跨大西洋电缆计划属于完全不同的维度。然而,在1857年和1858年进行的铺设尝试失败了,尤其是1858年铺设的电缆在大约一个月后被废弃。在19世纪60年代上半期,美国内战阻止了电缆铺设的进一步的行动。

经过彻底的技术修改,电缆铺设于1866年完工。第一条跨大西洋的电报电缆,为电报通信的全球化敲开了大门。到1880年,各大洲都接通了海底电缆网络。新兴的全球信息网络降低了世界贸易成本,为大量的商品创造了一个世界市场。政府用它来与殖民地管理部门和驻外外交官进行联系以及在军事冲突时指导军队;通信社将他们的信息空间扩大到全球;报纸报道了更多来自遥远的世界各地的新闻。随着全球信息的加速增多,公众意见对国际政治的重要性增强。

大多数电缆归英国公司所有,尽管其他工业国家也促进了海底电缆的铺设。从政治、军事和经济的角度来看,特别是殖民大国认为与其产业保持通信是绝对必要的。但是,他们清楚在发生冲突的情况下控制着海洋的英国有能力切断对手的电缆连接。在第一次世界大战前,基于这种情况,其他各国在新技术无线电中寻找出路。尤其是德国把全球无线电网络计划向前推进。第一次世界大战爆发时,人们能够通过无线电联系美国、非洲国家、中国和南太平洋国家,但是事实证明这在军事方面价值不大。

无线电技术利用电磁波来传输信息。在物理准备工作的基础上,年轻的意大利发明家伽利尔摩·马可尼(Guglielmo Marconi)于1897年在英国成功实现了引起轰动的首次无线电传输。随后马可尼和他的合伙人成立了国际康采恩集团。它直到第一次世界大战前,都是世界无线电技术领域的市场领导者。1903年出现了竞争者德律风根公司。该公司的背后是西门子哈尔斯克公司和通用电气公司。马可尼和德律风根进行了约十年的激烈竞争,政治因素也介入其中。在国际政治帮助下,德律风根最终打破了马可尼在无线电通信领域的准垄断。

新技术的发展很困难,因为人们对技术和物理基础的理解不充分。尽管如此,通过巨大的技术努力,成功实现了距离越来越远(高达数千公里)的无线电信号传输。但是用导线连接的电报依然具有压倒性的竞争优势。不过,通过无线电还可以在移动的目标之间传输消息。由此,海军、舰队和客运航运作为新的客户群体和应用领域引起了人们的注意。

直到第一次世界大战,民用和军用船舶无线电成了最重要的业务领域。利用功率强大的海岸站点(必要时通过多个中间站点),在世界海洋上航行的船舶可以用无线电进行通话。海军舰队使用无线电指挥舰船和中型舰队,在远距离和能见度差的情况下有决定性的意义。客船和货船通过无线电通报它们抵达了港口。货船可以在途中通过无线电改变调度。客船在途中向乘客提供通信服务。在海难时可以通过无线电进行呼救。

最初,有线和无线电报都受到容量不足的困扰。初期,电报线路只能在一个方向上传输消息,无线电信号要求有相当大的带宽。容量低使得电报和无线电价格昂贵,导致这两种新媒体主要用于商业和政治目的。在20世纪进程中,技术创新才增加了信道数量。对此,20世纪30年代的同轴电缆、20世纪80年代的光缆和20世纪60年代以来安置的通信卫星成了重要的技术手段。自20世纪60年代以来发生的传输数字化也额外增加了容量。

电话的流行与电报完全不同。电报在短短几十年内成为全球性媒介,而电话长期只覆盖了有限的范围。19世纪70年代从事声音或语音传输设备制造的众多创新者中最重要的是波士顿大学嗓音生理学教授亚历山大·格雷厄姆·贝尔。他于1876年注册的专利成了电话连续不断发展的起点。贝尔和他的投资人于1877年成立了一家公司,即AT&T康采恩的前身。AT&T约在一个世纪的时间里都是全球市场的领导者。在美国很早就有私人购买电话。农场主成了重要的客户群体,偏远的美国农场由此建立了与外界的联系。而德国的发展轨迹则不同。国家将电话定成由邮局垄断。邮局首先用它来拓展农村地区的电报通信,很晚才建立对话者网络。在德国,商业通信占主流的情况一直持续到第二次世界大战后。

　　早期电话的最大技术问题是其有效范围和中继站。由于有限的有效范围,电话最初局限于本地网络。随着大量的创新,如电池、麦克风、浦品线圈等出现,有效范围才逐渐扩大。但是,在第一次世界大战前夕开发的电子管放大器带来了根本的解决方案。借助电子管放大器,1915年美国东西海岸之间首次进行了电话通话。同时借助无线电波,首次进行了跨大西洋的电话通话。无线电话业务的问题在于容易受到大气情况干扰。1956年进行的横跨大西洋同轴电缆的铺设指出了通往未来技术的道路。远洋通话很长一段时间仍然异常昂贵,并且必须早早提前申请。自20世纪60年代以来,数字化、对地静止的通信卫星和光缆消除了全球语音通信的瓶颈。

　　在通话人数不断增加的情况下,连接技术成了继有效范围之后的第二大技术问题。起先,坐在电话局里的女电话接线员借助插塞接头连通对话者。虽然在1889年已有自动交换设备,但是它们发展缓慢。在美国和德国,大多数电话通话在战间期后期才能自动拨号。因为转换需要巨大的投资,并且美国电话公司将中继站理解成减轻客户负担的服务。

6.2 全球化中的工业化和技术转让体系

  在整个19世纪期间,英国工业都保持着统治地位。在1850年左右,人口约只有法国一半的英国生产了全世界约三分之二的煤和全世界过半的铁与棉料。英国商品主导着世界贸易。当大多数其他国家被迫通过关税保护其市场免受英国进口货的影响时,英国却向外国进口产品开放自己的市场,并支持广泛的自由贸易。

  英国的工商业能力对欧洲大陆国家施加了持续的经济压力。唯一有希望成功的应对措施,是努力进行类似于英国的工业化。赶超式工业化政策,自1792年以来被革命战争和拿破仑战争以及与此相关的贸易困难所中断。1806年拿破仑宣布"大陆封锁令",即阻止英国商品进入欧洲大陆,其目的在于破坏英国的以出口为导向的经济。最终拿破仑的失败才使这些措施失效。

  来自英国的技术转让是其他欧洲国家赶上工业化的最重要手段。在18世纪末至19世纪初的前十年里,欧洲大陆的一些国家以国家组织转让的形式为主,随后由私人企业运作的转让渐渐增多。技术转让的形式同样也发生了变化。与人员相关的技术转让的突出重要性一直未变。这是因为只有少数技术知识和技能可以系统化。书面信息,例如科学出版物、专利和授权,通常只是人与人之间产生交流的一种补充。对促进技术创新更有效果的活动应该是对当地情况的实地考察。短期的访问可以作为不同企业间刺探商业机密活动的一种形式。但是，不应高估这类行动的重要性。短期的访问通常并不足以获得所需的知识。只有靠长期在企业中驻留并参与技术活动才能更有效地获取核心技术。

事实证明，机器和设备的交付最初也是有问题的。假如没有操作、维修和保养机器的专业人员同行，所交付的机器经常是无价值的样品。在后期，有了一批本地的技术人员后，机器进口的地位价值才提高。纺织机居首位，然后是蒸汽机和具有特殊战略意义的机床。一直到1842年都存在的英国重要战略工业产品出口禁令几乎未能阻止技术的转让。有购买兴趣的人始终能找到规避这些规定的方法和途径。

最主要的技术转让手段是让英国人在大陆工作。直到1824年，虽然同样有与此相关的禁令，当时已有超过2000名英国专业人员在欧洲大陆国家工作。在与有经验的英国技术人员的合作中最容易学会新的技术知识。此外，英国企业家还在大陆成立了公司。随着越来越多的后起工业化的成功，技术转让的性质日益变得正式。欧洲大陆公司开始与英国合作并获得或出售许可证。技术转让已从单行道发展成为多边的交换过程。

技术转让并不意味着技术解决方案的一对一转移。相应的尝试大多失败了。所采用的技术更多地要适应企业内部和外部的经济与文化结构，并在必要时进行更改。这点已被欧洲大陆铁和钢的生产所证实。当已有人在水搅炼炉中使用煤对生铁进行精炼时，冶炼过程中木炭仍被使用了很长时间。

工业化也在英国以外于稍后的时间阶段中开始进行。作为英国前殖民地和主要移民国家,美国具有很大的优势。历史学家将美国工业化的时间排在比利时和法国之前,比利时和法国又排在德国之前。在 19 世纪进程中,英国与后起工业国家之间的权重发生了相当大的改变。

英国,作为工业革命之母,直到第一次世界大战前仍然是绝对的工业国家。许多定量指标证明了其持久的经济领导地位。但是,其他工业化国家如美国和德国一直在追赶。英国的经济绝对值继续增长,但是其占世界工业产量的比重下降了。贸易流量的转移表明了其结构性弱点的征兆。出口到与其竞争的工业国家的货物下降,而这些货物提高了其在英国市场的份额。大英帝国时期的英国贸易是平衡的,这得益于英国过去的政治统治地位。

定性研究表明了英国经济的创新弱点。英国在人们认为有重要未来的那些工业领域中正处于落后地位:在光学和化学工业领域中与德国相比;在电气工程和机械制造零件领域中与美国和德国相比;在汽车制造领域与美国相比。相反,英国工业在传统领域,如采矿业和冶金业以及船舶、大型机器和纺织机制造中仍保有优势。其电报的发展在国际市场上具有很高的地位,但是发展活跃的强电技术在英国可以说是弱的。英国工业对日益增多的竞争表现为在大英帝国内为其老产品开辟新市场。因此,它未准备好应对工业技术的结构变革,而是在回味过去。

美国和德国的工业发展是在完全不同的条件下进行的。美国的工业化首先得益于丰富的原料和快速成长的国内市场。直到 19 世纪中叶,美国的面积不断扩大,但是广阔的西部和南部领土的经济开发还要持续数十年。此外,史无前例的人口增长持续到了第一次世界大战,其中超过四分之一是来源于移民。移民带来了知识、技能和资金以及在新世界飞黄腾达的坚定意志。

直到20世纪,美国还是一个以农业为主的国家。随着在世纪之交土地开发的逐渐结束,对农产品需求的大幅增加超过了供给,从而抬高了价格。随之而来的收入提高使得农民成了技术产品的重要客户群体:主要是农业机械化,但是也有机动车和电话。

美国工业集中在庞大的、快速增长的并受到高关税壁垒的保护的国内市场,而很少考虑出口。在某些领域其工业甚至无法满足国内需求。出口商品的最大部分销往欧洲,在20世纪进程中又开辟了其他出口地区。因此,随着时间的推移美国工业增加了其出口份额。尽管如此,当今它对出口的依赖比起德国和日本也要少很多。

美国技术在内战后流行的乐观精神和先锋精神中占了很大的比重。一种技术热使得许多手工业者和技术员,甚至技术门外汉也寻求创新。发明工厂平地而起,专利数量指数式增加。19世纪独立的发明者取得了成功,他们通过专利保护了他们的创新。但是,在发明的经济利用方面,他们通常遵循与投资者和公司的合作来确定。

在19世纪晚期产生了大型现代化企业。例如贝尔、通用电气、胜家和可口可乐这些康采恩在他们的产品方面进行了大规模生产和分销的整合,并占领了国内和国际市场。大型公司凭借其市场力量、资本、研究部门和保障生产计划的专利网络成了技术开发的中心。他们使用新的销售形式,例如百货商店、连锁商店、邮购业务、代表拜访、分期付款和广告活动等,以便将他们的产品推给大众。所有这些导致了与欧洲工业化国家相比,美国的服务部门增长过快。

直到进入20世纪20年代,美国工业劳动力紧缺。由此产生的高工资促使企业家用资本代替劳动。他们试着以节省劳动力的方式组织生产并购买水平较低且更低廉的劳动力也能操作的机器。机器的使用使得与客户要求相符的标准化资本的投入和消费品的批量生产成为可能。快速增长的市场消耗了大批量生产的机床、农业机械、缝纫机、自行车和机动车。

早在19世纪，美国军方不仅作为买主，而且作为客户在技术开发中扮演了重要的角色。两次世界大战和紧接着的冷战更是额外强化了这个趋势。大型美国战争和军备研究项目，如制造原子弹和随后的核军备，影响了经济和技术结构。其结果是产生了如德怀特·D. 艾森豪威尔（Dwight D. Eisenhower）总统在1961年提出的"军工复合体"，一种国家、军队和科学界的紧密合作的产物。由此，技术的开发在核技术、飞机制造、计算机和微电子学领域产生了突出的表现。但是，政府和军方对特定工业部门的直接和间接补贴很少激起创新心态，导致结构的失衡。伴随着对其他领域（例如汽车工业和机械制造）研究和发展的忽视，军事工业在另一些领域有了出色表现。

德国工业化进程大约是在英国工业革命半个世纪后开始的。对此，来自英国、但是也有其他西欧国家和美国的技术转让起了重要的作用。19世纪，德国工业化通过改善政治和经济框架条件获得了额外的推动力，于1833～1834年成立了关税同盟，通过一系列的货币协定创建了统一的货币区，引入了贸易自由，最后在1870～1871年建立了帝国。

但是在1880年左右，德国经济很少出口对工业水平有更高要求的机器，更多的是传统的手工业产品，例如黑森林钟表、玩具和居家用品。在这些商品中，德国经济受益于相对较低的工资水平。针对价廉质劣的德国进口货，英国议会于1887年通过了《商品标记法》。该法律对所有进口商品的原产地标志进行了规定,例如"德国制造"。它预示了德国工业的崛起,此后"德国制造"从歧视性的标记转变成了高质量的代称。

德国工业,特别是在那些要求高技术资质的行业获得了强有力的国际地位。例如,光学工业和精工工业以及机械制造得益于德国高水平的技工和工程师培训。化学和电气工程工业雇佣了大量高等技术院校的毕业生,大型化工企业与大学科学界有紧密的合作。当企业成功地将科学和技术创新转化成有市场竞争力的产品并将其推向国际市场时,便会出现经济上的成功。在化学领域中的染料和药品、在电气工程中的电气机械和设备以及在机械制造中的内燃机就是这种情况。因为德国经济不得不进口大量的原材料,它很早就实行(与原材料丰富的国家相比)节约和效率战略。

凡尔赛条约确定了第一次世界大战德国的失败,战后时期的经济危机和1930年左右的世界经济危机使德国工业显著倒退。总的来说,战间期是技术工业停滞的阶段。从20世纪30年代初期相对较低的基础开始,纳粹推动了经济繁荣,但这主要是为战争做准备,并没有坚实的资金支持。

20世纪50和60年代的重建阶段通常被称为"经济奇迹"。然而,"奇迹"这个概念掩盖了战后德国工业相对有利的初始状态。比起建筑物和交通路线,在战争中急剧膨胀的机械设备很少受到破坏。反而战后的工业生产能力甚至比之前更强大。此外,在西德,拆除保持在一定的限度内。当冷战来临时,西方盟友开始以大规模的补助措施支持重建。随后德国工业的发展得益于它能够多方面重新开始并不受旧结构的阻碍。由此形成了重建的意志和对人工的动态需求。联邦共和国的人口增长主要源于战争返乡者和难民。大约到1970年,联邦德国经济创造了史无前例的增长率,劳动力市场就业充分。之后的经济发展变化无常,并受经济波动和结构危机影响。同时,德国国民经济中工业部门的地位下降,这有利于服务业地位的提高。

自19世纪下半叶以来,德国形成了创新体系及其特有的技术文化。它以高的技巧水平、生产中的原材料效率和高质量的、根据客户要求定制的资本货物的出口为基础。该创新系统的基本特征在当下仍适用。如今,其特征可用"多样化的优质生产"这个概念进行描述。不同国家生产体系的不同特征包含这种观点,即不管全球化的各种趋势,工业国家之间仍然有显著的区别。

"全球化"的概念被用于表示世界的共同成长,该词在不到20年的进程中得到快速发展。首先只有在国际化的今天才能谈论全球性运营、组织全球采购、将全球作为供应商、向全球销售、将全球视为销售市场的全球玩家、国际康采恩。全球化也改变了日常生活。越来越多的消费品在寻找全球买家:美国电视连续剧、德国汽车、日本娱乐电子产品、中国玩具和很多其他产品。商品世界与社会传统相碰撞,社会传统又反过来影响商品供应。其结果是也许很少会产生统一的全球文化,而更多是融合了当地的、区域性的、国家的和"全球的"背景的多种混合体。

"全球化"从何时开始,历史学家未达成一致。全球范围的商业往来往回追溯具有数百年的历史。当葡萄牙人开辟了通往印度的航线以及西班牙人开始殖民美洲时,在1500年以后的"探索时代"全球范围的商业往来加强了。另外,探索之旅和紧接着的帝国主义掠夺是以航海、导航和战船上具有多个加农炮甲板的创新为基础的。在随后的几个世纪中,欧洲海上强国将贸易扩展到了世界大部分地方并建立了殖民地。然而人们不应高估早期世界贸易的范围。在海外贸易中,最初每年只有几十艘容量有限的帆船在运行。大部分商品是占用地方很小的奢侈品,例如香料、瓷器和丝绸。后来发生了经济作物全球化。甘蔗、香蕉和橙子从亚洲经由欧洲传到美洲,土豆和烟草从新大陆传到旧大陆。

在19世纪下半叶发生的全球化的另一推动力是技术创新。内燃机船作为运输工具取代了帆船。1870年左右,由铺设在海洋中的电报电缆组成的全球通信网络在很短时间内形成了。它主要用于商业。此外,通信社和报社也使用它。内燃机船和电报通信大大降低了运输成本。大宗货物也越来越多地在世界海洋上运输。如煤、焦炭、石油、矿石,谷物、羊毛和棉花,这些原料促进了工业发展。

第二次世界大战后,世界贸易发展到了一个新的维度。它得益于世界(至少从欧洲国家的角度来看)长时间的和平。所有国家都从世界自由贸易中获利的观点已实现。全球性运营的企业越来越多。大型轮船和集装箱运输降低了运费。飞机也被纳入了全球运输网络,主要用来运输易坏的商品如水果、蔬菜和插花,或者是高品质的货物如光学和电子设备。为此,飞机还加快了商务往来并开辟了新的旅游目的地。

在战间期,娱乐媒体的无线电广播首先获得了全球性的传播。但是,通过卫星转播的电视节目才使家庭媒体消费全球化。用加拿大传播学家马歇尔·麦克卢汉(Marschall McLuhan)的话说,没有其他媒介像电视这样创造了一个"地球村",它能够让人实时获悉全球信息。自20世纪60年代中期以来发射的通信卫星和自1988年以来铺设的跨海洋光缆使全球通信能力指数式地增长。随之而来网络价格的下降也为私人消费者打开了进入全球通信网络的通道。而当今,互联网处于私人应用的首位。

6.3 战争与技术

每一种武器都是技术设备。因此,军备、军事、战争始终和技术是紧密相关的。下面将以两次世界大战为例略述这个紧密的关系网。尤其是技术创新以何种方式改变军事战术和战略。另外,还会涉及民用技术和军事技术之间的相互影响。

1914～1918 年和 1939～1945 年的两次世界大战是人类历史上的重大灾难。第一次世界大战时,约有 1000 万士兵死亡,总共约 2000 万人死亡;第二次世界大战时,约有 2000 万士兵死亡,总共约 6000 万人死亡。在第一次世界大战中,军事范畴的思想处于中心地位;在第二次世界大战中,尤其是德方出现了人民战争和灭绝战争的因素。

在第一次和第二次世界大战期间,从 1860 年左右开始出现的铁路仍然发挥着军事意义。第一次世界大战中,阵地战的交战双方很大程度上依靠铁路运输技术装备。德国总参谋部将 1914 年发起的战争设想成只持续几个月的运动战。但是实际上在很短的时间内就发展成了最终由物质资源决定的阵地战。在有地雷、铁丝网、战壕和钢筋混凝土保护的阵地中,只有当遭受重大损失时,配有机关枪和迫击炮的防御者的火力优势才会大于地形优势。

出乎意料的阵地战促使交战双方寻找新的手段来打破前线的僵化局面。在这种情况下,德军首先使用了毒气,后来盟军也使用了毒气。战争期间研发的毒气总共造成超过10万人死亡。从1916年起,盟军用坦克向德军阵地推进。盟军由此取得了战术上的效果,但是并未对战争起到决定性的效果。

军队在情报方面依靠于通信技术,包括有线电话和无线电报。大量资金投入到无线通信,即无线电技术的开发中。飞艇和飞机的应用成了第一次世界大战最惊人的创新。虽然数量众多,但是其军事意义在很大程度上仅限于侦察。这也是因为,飞机未能成为可靠的技术。在战争中,死于意外事故的飞行员比敌方袭击要多。尽管德国投入了巨大的军备努力,盟军的海军优势仍未受威胁,对此德国扩建了潜艇部队。但是,潜艇只能暂时威胁盟军的补给。最终决定战争结果的并不是武器技术的发展,而是交战国的经济工业资源(这不仅适用于第一次世界大战,而且也适用于第二次世界大战)。

与第一次世界大战不同,第二次世界大战是一场运动战。工业与技术起了更大的作用。对此,纳粹德国的侵略战和灭绝战争(在所谓的闪电战中)从一开始就必须设法克服资源匮乏。由于其地理因素以及经济潜力的问题,纳粹德国从一开始就无法赢得对苏联和美国的持久战。

运动战的核心战略武器是坦克。德国总共投入了上万辆坦克。坦克可以利用巨大的地形优势,但也给后勤任务造成困难。运动战的其他要素有铁路以及装备有汽车和摩托车的步兵部队和炮兵部队。虽然不同于第一次世界大战空军也发挥了更大的作用,但最后,实践证明陆地战争对整个战争具有决定性作用。对此,同盟国的资源优势以及他们长期的军事研究和发展战略起了作用。英国和美国在短期内获得了空中优势。但是,自1942年以来的密集的区域轰炸未达到既定目标。这既没有成功摧毁德国的基础设施和军事经济,也没有彻底削弱德国的士气。

雷达技术的发展说明了同盟国对军事技术研究的应用更有针对性。纳粹元首刚开始时未对雷达显示出更多的兴趣,在盟军成功后才修正了对雷达的态度。英国由于其岛屿的战略性位置,在战间期就已投入了大量资金以推动雷达的研究工作。战争爆发时,大不列颠岛已有一条沿着东海岸的雷达链。英美对微波(厘米波)的研究使得飞机配备机载雷达成为可能。由此可发现敌方的飞机、潜水艇和船只。潜入水下的潜水艇则是用声呐来定位盟军的船只,即借助声波。对德国无线电报的解码为英裔美国海战领导提供了其他的线索。盟军的成功迫使德国海军最终于1943年撤出大西洋的潜水艇战。

另一些惊人的军事技术创新对战争结局的意义并不大。德国制造的V1和V2火箭属于此类。由于它们的命中精确度较低,它们主要成了对付英国和荷兰平民的恐怖武器。其根本目的在于增强遭受盟军的炸弹袭击的德国人民的士气。不仅是盟军,德军也建造了喷气式飞机。但是它们出现得太晚,未能够对空战产生重大影响。

美国和日本的海军与空军在太平洋上首先发生了海上运动战争。在日军偷袭了美国海军基地珍珠港后,战间期发展起来的航空母舰成了最重要的武器。对此,美国优越的工业潜力也起了决定性作用。当美国人在广岛和长崎投掷核弹时,战局已定。

对军事技术与民用技术发展之间相互关系进行论述面临着这样的困难,即两个领域不能够清楚地分开。"双用途"这个概念指的就是这种情况。军事引发的研究和开发可以使其转化成民用技术,而民用技术也可以转化成军用技术。相同的技术(如铁路或机床)既可以民用也可以军用。

在第二次世界大战后的时期,政治家和说客越来越多地使用"副产品"论据来使军费支出合法化。事实表明,对军事技术的投资(在一定程度上作为副产品)总是带来民用技术的成果。但是,副产品的论据经不起进一步的审视,它取决于民用产品最终是否实际上被纳入军事研发中。令人信服的反对论据表明,对民用技术的直接投资比间接投资可以实现更大的效果。此外,已确定的军费开支不能再用于民用目的。因此,军事支出还需要其有军事合法性。

火箭技术和宇宙飞行是民用与军用技术关系不断变化的一个很好的例子。在战间期早期,火箭对先驱者来说首先是一项技术挑战。在20世纪30年代,它首先被纳粹德国发展成武器。第二次世界大战后,不仅美国,苏联同时也受益于德国火箭专家的专有技术。在冷战时,双方的大多数资金投入到了可携带核弹头的洲际导弹的开发中。对此,在两个超级大国之间出现了民用太空的威望对决。从世界舆论的角度来看,美国人以1969年的首次登月赢得了这次对决。自20世纪60年代以来,民用方面的价值伴随着通信卫星的应用重新得到了提高。

军事技术和民用技术要求差异很大。军队有些时候要求装备要具有特别高的性能或精度。但是在一些情况下,也有军事技术要求低于民用技术要求的情况。有时在战争的特殊情况下,会在可靠性和经济性方面做出削减。在和平时期,军事技术有时跟不上民用技术的节拍。因此,洲际导弹电子部件的创新周期比娱乐媒体长得多。

战争和军备对民用技术的结构产生了影响。特别是在战争时期,军备使工业产能膨胀。战争结束后,这些产能都在寻找新的民用应用领域。对此,两次世界大战后的飞机制造和航空就是一个例子。战争推动了各方努力平衡技术和克服工业的弱点。各国试着减少自身技术对国外的依赖,直到能够自给自足。特别是在两次世界大战中都被切断原材料供应的德国投入到了材料替代品的开发中。

6.4 工业社会的技术主体:工程师

如今,在大多数国家,工程师这一职务和大学教育关系紧密。但是,18~20世纪,职业教育与工作之间的联系却是一个漫长的历史进程,而且各个工业国家之间存在很大差异。在工业革命的发源地英国,就像在早期作为工业化先驱者的美国一样,工业化在很大程度上依托于经验进行,没有学校给工程师任何正规的培训。直到19世纪60年代,才大范围地建立了工程师技术培训中心。

相比之下,工业化进程中的后起之秀——法国和德国则更早地建立了技术学校体系。在法国,对技术公务员的教育可追溯至18世纪。随着早期工业化,德国在19世纪初涌现了大量技术教学中心。

在英国工业革命中,大多数发明者和创新者,他们的职业属于技术行业和手工业,如铁匠、锁匠、碾磨机制造商或机械师。从事自由职业的土木工程师,这个群体性格最为内向。作为技术型全才,他们制订计划,然后建造工厂、机械、道路、桥梁、运河和铁路。要成为一名土木工程师,则需要通过持续数年的学徒培训。当准工程师们开始自立门户,或在较大的工程师机构或工厂里担任更高职位时,培训才算大功告成。在土木工程师对自己的认知里,他们树立的是"专业"的、"受尊敬的自由职业者"(如律师,执业医生或牧师)的自我形象。1818年成立的土木工程师学会、1847年成立的机械工程师学会等协会对这一职业实施监督。想成为这些协会的成员,需提供多年来在该专业具有成功经验的证明。美国的工程专业和培训与英国大致相同。只有少数土木工程师可以成功从军事学校毕业,如西点军校。

在工业化之前,法国就已经拥有高度发达的技术教育体系。有很多公立学校为军事、采矿和运输基础设施培训工程师。法国大革命后,他们修改了这一体系。巴黎综合理工学院于1794年成立,这一实用型院校现在已经成了国家公务员的摇篮。严格的入学考试"Concours"以数学为重点考察科目,确保生源质量。直到今天,要求苛刻的"Concours"考试将最负盛名的精英院校"Grandes Ecoles"与其他普通院校区别开来。

这所以培养公务员为目标的精英院校,在法国工业化中并没有发挥重要作用。法国和德国一样,"后发"型工业化主要是通过人与人之间的技术转让实现的。从19世纪初开始,工业界对技术人才的需求日益增长,私立技术学校应运而生。尤其是法国国立高等工程技术学校,主要传授实用的知识和技能,但该校毕业生人数一直很少。

在19世纪20~30年代的德国,职业学校和复合型技术学校的建立,与德国为追赶工业化所做的努力息息相关。很多国家都希望通过这些学校为工业公司培训专家。然而,现实却与这些目标背道而驰。几十年来,大多数毕业生没有进入私营行业,而是选择就职于公共服务部门。课程计划和毕业考试,也越来越弱化了这些学校以培养公务员为导向的特性。普鲁士的情况看起来有些不同。1821年,普鲁士成立了职业学校,后来改名为贸易学院,更好地满足了工业需求。这与它以实践为导向的课程息息相关,同时也离不开负责人彼得·克里斯蒂安·威廉·博伊特(Peter Christian Wilhelm Beuth)部长的努力,他为机械制造公司、冶金公司、化学技术公司的毕业生授课。

自19世纪中叶以来,德国的工业学院在很大程度上仿效了大学的模型。他们增加了一些对学生的专业要求,体制上采用大学的形式,教学模式上采纳了实证主义和基于理论的科学方法相结合的形式。由于这种调整,工业学院在19世纪70年代获得大学资格,并在世纪之交获得了博士学位授予权。为此付出的代价是,它们在一段时间内与研究和教学中的工业实践要求脱节。

19世纪后期,各个大型工业化国家的工程教育系统面临着截然不同的挑战。在法国和德国,工程师教育的方向已从国家需求转向工业需求,尤其是在德国,这意味着技术大学更加注重实践。中等规模的技术学校反而比较关注理论问题,是现今德国高等专科学校的先驱。通过这种方式,创建了一个一分为二的技术培训系统,为技术行业培养了大量具有不同资质的工程师。

工业化伊始,法国就设有为经济领域培养设计工程师、产品工程师和管理人员的学校。到19世纪末,新的以科学为导向的产业中工程师出现了短缺。通过在理科为主的大学、电气工程技术学校和化学技术学校设置专门的技术学院来弥补空缺。相比之下,有志成为技术公务员的人,则继续在诸如巴黎综合理工学院的精英院校学习。

在英国和美国,19 世纪下半叶的首要目标是建立技术培训中心。很多英国的研究者将英国本处于领先地位的工业逐渐衰退与工程教育的欠发达联系在一起。教育改革者于 19 世纪 60 年代开始开设工程课程,特别是在英格兰中部和东北部工业区的大学。同时,在美国也出现了类似的但更具活力的建校热潮。传统的以实践为导向的工程师文化,在美国大学中更多体现为实验室和讲习班形式,英国大学则以夜间课程和为职业人士提供的"三明治课程"为特色。

不同的培养方式造成了不同的结果,各个工业化国家的这一职业群体都各不相同,各有特色。来自不同技术教育学校的工程师毕业生,有的在实践中获得知识和技能,有的汲取了不同理论和实践。工程师群体的多样性,满足了工业和公务员岗位的各种需求。但是,这也阻碍了工程师发展成为具有统一的国家或国际标准的行业。

在法国和德国,主要由技术教育决定一个人是否有进入工程师群体的成员资格,而在英国和美国,却更看重一个人职场上的成功与否。但是法国直到 20 世纪 30 年代,培训机构才白纸黑字明确规定了工程专业的隶属关系。培训机构的名称通常加在"工程师文凭"的名称上。在联邦德国,直到 20 世纪 70 年代初有关工程师的法律出台,才使该行业与相关专业的学习课程明确挂钩;然而在英国和美国,来自机构或是工程学会的成员们在工程界起着更大的作用。成为工程师,向来需要走过一条漫长的实践经验之路。

在 19 世纪,大多数技术培训机构都没有大型实验设施。教室里配有黑板和模型,大部分课程与绘画和计算有关。自19世纪末开始,实验室和测试工作坊的建立,意味着技术知识的研究和教学有了巨大的飞跃。因此,大学获得了一套可以大幅度提高技术建模质量的工具。在这一发展过程中,大学成了业界抢手的合作伙伴。第二次世界大战后,大学添加了改进的计算技术这一研究。计算机的功能越来越强大,这极大地扩展了复杂模型的可计算性。此外,计算机还被用来构建新的技术系统并模拟它们在不同条件下的行为。

思考题

1. 英国工业革命前后,技术发展有哪些本质的变化?

2. 英国、美国和德国在技术发展中有哪些区别?

3. 通过对19~20世纪的技术发展的梳理,你认为技术史研究的领域中有哪些你感兴趣或认为值得研究的方向?

4. 选择一个感兴趣的方向进行深入阅读,再推荐一篇文章或一本著作并做分享。

拓展阅读

[1] Aitken H G. The continuous wave: Technology and American radio: 1900~1932[M]. Princeton: Princeton University Press, 1985.

[2] Aitken HG. Scientific management in action: Taylorism at Watertown

Arsenal，1908~1915[M]. Princeton：Princeton University Press，1985.

[3] Bagwell P S，Lyth P. Transport in Britain：From canal lock to gridlock [M]. London：Hambledon，2002.

[4] Beckert S. Empire of cotton：A global history[M]. New York：Alfred A. Knopf，2014.

[5] Floud R，Johnson P. The Cambridge economic history of modern Britain：1，Industrialization：1700~1860[M]. Cambridge：Cambridge University Press，2004.

[6] Buchanan R A. The engineers：A history of the engineering profession in Britain，1750~1914[M]. London：Kingsley，1989.

[7] Douglas G H. All aboard：The railroad in American life[M]. New York：Paragon House，1992.

[8] Fischer C S. America calling：A social history of the telephone to 1940 [M]. Berkeley：University of California Press，1992.

[9] Flinn M W，Stoker D. The history of the British coal industry：2，1700~1839：The Industrial Revolution[M]. Oxford：Clarendon Press，1984.

[10] Haber L F. The chemical industry during the nineteenth century：A study of the economic aspect of applied chemistry in Europe and North America[M]. Oxford：Clarendon Press，1969.

[11] Hugill P J. Global communications since 1844：Geopolitics and technology[M]. Baltimore：Johns Hopkins University Press，1999.

[12] Landes D S. The unbound Prometheus：Technological change and industrial development in Western Europe from 1750 to present[M]. 2nd ed.

Cambridge: Cambridge University Press, 2003.

[13] Pursell C W. The machine in America: A social history of technology [M]. Baltimore: Johns Hopkins University Press, 2007.

[14] Reynolds T S. Stronger than a hundred men: A history of the vertical water wheel[M]. Baltimore: Johns Hopkins University Press, 1983.

[15] Rolt L T C. Tools for the job: A short history of machine tools[M]. London: Batsford, 1965.

7　19~20世纪日常消费社会中的技术

技术的生产和消费密切相关。消费是生产的目标。从一开始,生产者就着眼于其产品的使用和供应。在消费者领域,他们以产品和服务的经验为指导。在使用方面,生产者赋予他们的产品一些特性,这些特性在一定程度上决定了产品的用途。但是,消费者并不一定会遵循产品说明书,有些消费者会顽固地用自己的方式使用它。他们这种我行我素的特殊使用方式又会再次反作用于产品,生产者则会迎合消费市场。消费中的技术史研究主要关注的是技术的使用而不是创新,这也是我们第一章所说的,从技术的本质和内涵中延伸出来的研究方向。消费技术史的研究目前来看是技术史研究中的一大趋势和方向。

7.1　消费技术的历史与本质

富裕,根植于人类的创造能力和对自然的转化力,也可以说是对自然的索取。大自然为人类提供资源,人类从中获取食物和原材料,从而满足基本需求和奢侈需求,如住房、衣着、出行、娱乐等。在历史的进程中,越来越多的天然物质经过复杂的过程转变成可供人类使用的物品。在一定程度上,我们可以说,如今所有位于地球表面、可接近的自然资源都得到了开发。

人们最初使用的是处于自然状态的天然物质,用木头、石头和黏土建造自己的住宅,用植物和动物纤维编织出网和布。随着时间的流逝,和对大自然认识的逐步加深,人们学会了利用现有的天然物质生产新物质。他们将矿石冶炼成金属,将沙子、碳酸钠和生石灰制成玻璃,并从动植物中提取染料和药材。在历史的进程中,人工生产的织物的数量大幅度增加,单个物质的品种数量也增加了。

塑料是一种人造物质,是通过加聚或缩聚反应聚合而成的高分子聚合物。高分子合成的塑料也称为半合成塑料,由低分子量物质合成的塑料,也称为全合成塑料。

这里用一些染料和制药领域的例子来说明从天然材料到塑料的过程。数千年前人们就发现,某些植物含有色素可用于着色。逐渐地,人们学会了从各种植物中萃取精华,从而提高着色效果。在19世纪中叶,最重要的红色染料提取自干燥的茜草根部;最重要的蓝色,即靛蓝,提取自印度种植的灌木叶。

在19世纪30年代,化学家意外地从天然气厂大量生产的废物——焦油中发现了染料。1856年,英国化学家亨利·珀金(Henry Perkin)从焦油中成功提取了一种紫色染料苯胺紫。在随后的几十年中,人们又发现了许多其他自然界中本没有的染料。1868年,化学家用天然茜草合成了染料茜素。1880年一种人造靛蓝在德国研制成功,也成就了如今的拜耳公司。随着大规模生产工艺的发展,合成染料迅速取代了天然染料,同时,提取成本的降低也使得染料价格下跌,使广大人群都能买得起色彩鲜艳的衣服。

大概在同一时期,化学家开始用焦油衍生物制造药物,最早的时候是生产消毒剂。1898年,拜耳公司推出了止痛药兼感冒药阿司匹林。这一时期也产生了一些针对梅毒或睡眠疾病的有效药物。直到现在,制药市场的增长主要呈现两种趋势。医学界开发了多种用途的特殊药物,其中一些基本可以使某些可怕的疾病得以控制,例如小儿麻痹症。自20世纪50年代中期以来,一些国家已经对小儿麻痹症患者进行了大规模的口服疫苗治疗。其他的药物,如精神药物,却是随着消费品广告的增多而增产,或者纯粹为满足客户幻想。

在1900年左右,以巴斯夫(Basf)、拜耳(Bayer)和赫斯特(Hoechst)等公司为代表的德国化学工业,在合成染料和药物的全球市场上占据了领先地位。化学工业的发展成为以科学为产业基础的典范,科学为这个领域的成功做出了重要贡献。这个以科学为基础的产业,它的重点要素在于和大学的研究合作,建立大型实验室以及雇佣受过科学训练的化学家。德国化学工业的优势还包括高压工艺和催化工艺。哈伯和博施于1910年左右开发了合成氨工艺,起到了开拓性作用。在和平时期,氨主要用于生产氮肥;在战争时期,则主要用于制造炸药。人们对这两种产品的需求量都很大。

第一种塑料——半合成塑料,是在19世纪下半叶产生的。赛璐珞(硝酸纤维素塑料)是许多加工产品的原材料,自1868年以来,木材原料经多种加工转变为赛璐珞(商业上最早生产的合成塑料)。在19世纪90年代,它作为薄膜材料经历了一个鼎盛时期,直到战争期间由于其易燃性而被另一种塑料替代。自1909年以来，人造树脂胶木出现。由于其绝缘性能，电木被用于例如电气工程中的开关。19世纪末开始，人造纤维（化学纤维）的工厂出现。在尼龙丝袜出现之前，属于"人造丝"类的粘胶纤维，是女士丝袜最重要的原材料。

从"人造丝"这个词可得知，到目前为止我们提到的所有塑料都是天然材料的仿造品和替代品。最早的塑料产品，都以自然原料为原型，模仿它的作用，但是价格比原产品更低。相比它模仿的天然材料，塑料却更适合应用，最早的例子是赛璐珞薄膜，它比其前身的纸卷薄膜要好用。同样，首批合成纤维尼龙产品在20世纪30年代末投放市场，其性能超过了人造丝。美国妇女几乎将第一批尼龙丝袜抢购一空。在第二次世界大战期间，尼龙开始用于生产军用产品：降落伞绳、高强度绳索、飞机轮胎的织物和衬里。塑料的真正繁荣出现在战后时期。每年的生产数量从几千吨攀升至几百万吨。越来越多的产品由诸如聚酰胺（如贝纶）、聚丙烯酸酯、聚酯（如特雷维拉）、聚氯乙烯（PVC）和聚乙烯等聚合物构成。

富裕，不仅源于对世界的物质剥削，还源于对自然资源和人力的具有创造性的利用。凭借着创造力，人们可以增加从资源、劳动力和资本中获得的收益。社会科学通常以诸如"创造力""理性"之类的术语，概括人们有针对性地创造新事物并从中受益的能力。为此，经济学家将理性原则定义为以尽可能少的消耗，获得最高效回报的努力。但是，在这种表述中，经济学的目标和价值观被排除在外。

经济理性原则还原论的成功基于以下事实：很长一段时间以来，人们就经济目标和技术目标达成了广泛的社会共识。经济、科技本应创造财富,而财富已被定义为人们可以使用的商品和服务的数量与质量。人们或忽视、或接受了这样的事实——社会的富裕繁荣,很大一部分是以破坏自然为代价的。

增加社会繁荣富裕的最重要手段,是技术合理化和工业批量生产。技术合理化,指的是提高生产效率的全部技术措施,即生产中的支出与收入之间的关系。批量生产,是一种特殊的合理化形式,将固定成本分配到最大数量的零件上,可以降低单个产品成本。因此,批量生产的商品比单独或小批量生产的商品更便宜。但是,各种生产形式之间的界限是可变的。通常,单独或小批量生产的商品包含了部分批量生产的产品或产品样品。

从某种意义上说,人们为提高生产效率做出努力的经历,与技术史一样漫长,也可以说,和人类史一样漫长。生产力的显著提高,横跨人类史的几个时期。尤其值得一提的是,18世纪末始于英国的工业革命,以动力机器和工作机器为生产技术核心,构成了工厂的运营组织形式。在19世纪,工业化、工厂制度和机械化普及到了除英国以外的其他国家。在20世纪,自动化带动生产效率继续提高。

生产力的提高扩大了公司的规模,从而降低了价格,增加了利润和工资或减少了工作时间。也因此出现了增长螺旋:合理化和批量生产,增加了消费的可能性,消费的增加,又使得现有公司的销售额增长,或者建立新公司。

无论如何,通过合理化和大规模生产获得的一部分生产效率提高,会以工资增加和价格降低的形式反映出来。而这两个因素,也导致许多产品的实际价格急剧下降。

举例来说：如果一名工人在 1905 年冲动地买了最便宜的戴姆勒汽车，那他将不得不为此工作 25000 小时。1985 年，他想买最便宜的奔驰汽车，只需要工作 2000 小时。不过，在不同的经济领域，实际价格下降幅度相差很大，尤其是工业产品和农产品。在一些服务部门，例如交通运输部门，机器起着重要作用，因此产品价格呈下降趋势。在个人服务占主导的行业，例如酒店行业、饭店行业或美发行业中，服务价格上升。这些差异突出了用机器替代人工对提高消费力的重要性。

直到 19 世纪中叶，实际工资报酬的发展在历史研究中一直存在争议。人们一致认为，在发达国家中，薪资呈逐渐增加趋势。但是，大多数工人，需要工作很长时间才能有足够的收入来满足生活需要。中下阶层为了改善伙食，支出的工资越来越多。此外，消费者们的消费领域也非常有限。各个州居民的工资差别很大。从 19 世纪初，直到 70 年代，美国的工资才明显高于德国的工资。在德意志联邦共和国，仅在 20世纪 50~70 年代，人们的购买力就有了明显的增长。直到那时，德国家庭才达到一战之后、二战之前美国的消费水平。

消费不仅需要金钱，还需要时间，更精确地说是（与工作时间不同的）空闲时间，即“可支配时间”。最初，在大多数国家，工业化导致工作时间延长。此后，工人的组织能力和生产效率共同提高，大大节省了工作时间。在两次世界大战之间，无论是在美国还是在德国，都缩减至每天 8 小时的工作时间。“二战”前后——先在美国，然后在德国——引入了一周 5 天工作制，因此周末有了休闲时光。在德国，公务员和雇员首先拥有了假期。在两次世界大战期间，增加了集体商定的工人休假规定。战后时期，美国的年平均休假时间维持在 2~3 周之内，而德国则延长至6周。

第二次世界大战后,联合国将休闲和度假定义为一项普遍人权。《人权宣言》第24条规定:"人人有权享有休息和休闲的权利,并有合理的工作时间限制和定期带薪休假。"该计划得到了广泛的实现和扩展,如今出现了从"劳动社会的终结"向"休闲社会"过渡的言论。在工人的意识里,工作不再是生活的中心:一个人为生存而工作,而不是为工作而生活。据估计,自1964年以来,德国的工作时间与休闲时间之间的定量关系发生了逆转。

7.2 能源基础的多元化

在工业化过程中,石油和煤成为最重要的一次性能源。自19世纪中叶以来,它在世界能源市场上面临着与石油的激烈竞争。石油相继挑战了煤炭的主要应用领域:家庭供暖,工业过程供热,以及用于发电的基本化学原料。但是,从全球范围来看,直至20世纪60年代,石油已取代煤炭成为主要的能源载体。第二次世界大战后,天然气占据了相当大的比例。自20世纪70年代后期以来,天然气和煤炭的比例均降低。

自第二次世界大战以来,特别是在老牌工业国家,煤炭产量下降。与煤炭利益相关的集团试图阻止这一下降趋势,并得到了各自国家政府的一些支持。推迟即将发生的结构变化，其主要政治动机是确保当地的能源基础并保留相关工作岗位。但是，随着世界贸易产生的联结越来越紧密，维修补贴的迅速增加，这些论点越来越没有说服力。从纯粹的经济角度来看，只有露天开采或通过高机械化连续开采的煤炭，才可以在世界范围内销售。此外，煤炭离运输道路和市场也不能太远。美国、南非国家和澳大利亚就面临这种情况。

第一次世界大战之前，德国人建立了大型露天矿场开采褐煤，利用机械化设备，露天开采的难度比深井开采难度更小。在开采过程中使用更大的、可连续工作的机器，该机器可清除褐煤表层杂质，并将褐煤装载到机车上、链条轨道上，然后又装载到传送带上。这样，煤炭被运送至露天矿附近建造的生产设施和发电厂。如今，人口密度很高，耕种法规出台，加上人们对降低地下水位的担忧，这些都加大了开辟新露天煤矿的难度。因此，褐煤由于其较高的污染物排放而备受批评。

英国19世纪下半叶，有人预测了19世纪80年代全球煤炭储量的枯竭。尤其石油的开发，进一步证实了这一预测。从地面渗出的石油，在数千年前就有了诸多用途。然而，石油时代的开始，却是在1859年，在宾夕法尼亚州的蒂图斯维尔（Titusville）钻探了一口肥沃的油井。这一发现，引起了一场石油热，人们开始勘探更多矿床。最初的钻探，是为采水开发的冲击钻探方法。在世纪之交，人们开始使用旋转钻孔。如今，它可以深入至数千米。如果它找到了想探测的东西，加压油通常会冲到地表；释放压力后，将液体泵出。尤其是在石油繁荣的初期，这样的开采行为导致了大规模的环境污染。

运输成本的降低，对新能源的传播具有决定性意义。最初，船只或火车将油桶运输到炼油厂。随后,特殊贮油车和油轮接替了这项任务。自19世纪80年代以来,油轮将蒸馏的石油从美国带到了欧洲国家。这标志着全球石油运输的开始。自20世纪70年代以来,巨型油轮成为当时最大的运输船舶。使用管道进行石油的陆路运输,意义重大。自19世纪80年代以来,宾夕法尼亚州和俄亥俄州产区的石油就以这种方式进入大西洋沿岸。如今,管道网络遍及所有主要工业国家和所有大陆。

大型股份公司出现的背景之一,是资本密集型的开采和提炼以及石油的运输,其中一些股份公司在某些地区占据着主导地位。其中包括约翰·D. 洛克菲勒(John D. Rockefeller)的公司,该公司后来成为全球最大的石油公司——埃克森美孚公司。

直到19世纪80年代,美国是唯一一个对石油有大规模需求的国家。在20世纪来临之前,俄罗斯在里海和东南亚的苏门答腊岛上拥有巴库油田。在20世纪20年代,委内瑞拉和中东的几个国家加入了产油国的行列。无论如何,直到20世纪60年代初,美国仍然是世界上最大的石油生产国。之后,石油生产成了中东地区,尤其是阿拉伯国家的特色。它们对世界石油市场的重要性,源于它们出口世界所需的大部分石油。总体而言,直到第二次世界大战之前,工业化国家都是石油出口国,此后,由于经济发展,它们越来越依赖进口。1960年,最重要的非工业产油国成立了OPEC,其目的是保持高油价。20世纪70年代的石油价格危机使得所有工业化国家或多或少地受影响,这也部分成功地使经济增长与能源消耗二者断开了关联。

人们必须对原油进行提炼,将其分解成各种成分,得以使用。直到第一次世界大战时期,大多提炼过程是通过加热方式进行的,根据需求使用不同沸点。随着裂解工艺的发展，直至20世纪30年代，烃在加热和加压作用下裂解，随后人们借助催化剂，可以灵活地获得许多蒸馏物。在19世纪，人们对石油的需求最大，石油成为市区内燃气以外最重要的光源燃料。20世纪之后，先是出现了取暖用油，然后通过大规模机动化，汽油成为了重要的石油产品。

目前，天然气在能源市场中的份额正在增加。天然气通常在石油生产过程中产生，但通常不是从石油中提取，而是在燃烧过程中产生。美国从19世纪80年代开始，人们开始在一些油田附近使用天然气。自两次世界大战之间的那段时期以来，人们开始远距离运输天然气。同样，德国大约在这个时候建立了第一个大规模的天然气供应网络，但当时鲁尔区到处是冶炼厂和煤气焦炉。直到"二战"之后，天然气才在许多地区推广，需求和运输的管道长度超过数千公里。巨大的地下存储设施，可弥补需求的波动或供应瓶颈。

煤炭、石油和天然气不仅能用作能源原料，而且还用作化学工业的原料。在第二次世界大战期间，石油化学取代了以前占主导地位的煤化学。石油化学起源于20世纪30年代的美国，在第二次世界大战后转移至其他工业国家。美国的领导角色，源于它有利的原材料资源和市场形势。美国曾是最大的石油生产国，大规模机动化产生了大型炼油厂。第二次世界大战，炼油厂的产能进一步增加。战争结束后，这些公司为这种炼油的产能寻找新的市场，它们在私人消费塑料制造等领域找到了。另一方面，德国国家社会主义追求自给自足，完全依靠煤炭。因此，直到20世纪50~60年代中期之间，联邦德国才完成了煤化工到石油化学工业的转换。

如今,人们不直接使用能源,而是以精制电力的形式使用它。电力相比煤炭、石油、天然气和其他能源具有明显的优势。在燃烧过程中产生的污染物不会在最终用户那里累积,而会在发电厂中累积。电力可以很轻松、廉价地远距离传输。电力可用于多种用途:产生热量和光,驱动电器,获取信息和通信等。

电力的使用是基于自然科学的基础发明。1799年,亚历山德罗·伏特(Alessandro Volta)发明的电池作为第一个连续电源;1831年,迈克尔·法拉第(Michael Faraday)发现电磁感应,这是建造发电机的基础。但是,对于这些基本发明,有时需要数十年的时间才能将其变为可使用的技术。电力的第一个商业应用领域是电报和电镀。在电解的帮助下,巴黎、伯明翰的大型电镀公司生产了餐具、器皿、杯子、胸像和其他镀有铜、银或金的物品。

后来又增加了技术应用,例如通过镍或锌涂层,实现防腐,或者电解精炼(如铜)。只有借助电解工艺,才能获得更高纯度的铜,然后又将其再次用于电气工程中。

在19世纪后期,最常见的电力应用是照明。最初,电弧灯在两个碳电极之间产生了明亮的电弧。但是,直到19世纪70年代下半叶,新型的差接弧光灯克服了控制问题后,照明才开始普及。弧光灯主要用于照亮街道、广场以及较大的房间,对于小房间来说,它们的光太亮了。约在1880年,白炽灯出现,它发出的光较少,可用于小房间照明。白炽灯与价格低廉的煤气灯市场竞争激烈,但最后白炽灯更胜一筹。与煤气灯和煤油灯相比,电灯是一种豪华灯。第一批白炽灯点亮了剧院、饭店、销售室、银行和保险公司。只有极少富人能负担起私人房间的电灯费用。白炽灯具有功能上的优势，但最重要的是，它是富裕和现代性的象征。两次世界大战之间，从纯粹经济的角度来看，电灯要变得更有竞争力，需要进行多次改进。直到20世纪30年代，大多数城市家庭才开始通电，实现照明。

自1882年以来，托马斯·阿尔瓦·爱迪生和其他企业家建造了发电厂和电网，为城市提供照明。电力供应的发明者们需要解决许多技术和经济问题，比如发电厂的位置和电网的扩展，蒸汽机和发电机的尺寸。还涉及一些系统问题，例如直流电、交流电或三相电流，电压、电流和频率的选择，控制设备，功耗测量和电价等等。

在20世纪，发电厂和供电网络不断壮大。以此，电力供应公司进入了新纪元。1884年，英国工程师查尔斯·A. 帕森斯（Charles A. Parsons）获得蒸汽涡轮机专利，涡轮机的出现增加了发电厂的功率。供电网络的扩展，使高压交流电成为必要。早在第一次世界大战之前就出现了区域电力供应系统。

在两次世界大战期间，发电厂和供电网络共同成长，构成了国家电力网络系统。战后，许多国家组成了一些电力协会并横跨整个大陆。像大型水力发电厂一样，人们能够通过技术，在远离消费中心的地方发电，并将其运输数百公里且几乎没有损耗。

大约自1900年开始就一直存在的互联电网，一直遵循"服务政治"的座右铭。它通过扩大规模来降低成本。但是，这仅考虑到电，却忽略了热量。在19世纪后期，已经有一些方法可以实现电热耦合，但是大型网络系统始终掩盖了这条路。降低成本的另一种策略是平衡日均消耗，从而使得发电厂发挥最大作用。

在电气化早期,发电厂的电主要用于照明。迈入20世纪,情况好转。发电厂将更多的电力用于电机驱动以及新的电热和电解工艺,例如碳化物的生产,氯碱电解或熔盐电解制铝。电动车在市区交通广泛应用。经历了漫长的路程,铁路开始迈入长途路线电气化。

在两次世界大战之间,公用事业公司为除了照明之外有其他用电需求的家庭通电做出了更大的努力。最初,廉价的小家电(如熨斗)开始普及,后来又出现了昂贵的大型电器(如电冰箱和洗衣机)。家庭电气化的速度主要与各国的繁荣程度有关。在"二战"之前,美国很多家庭已拥有许多电器,然而在德国,这些却要等到战后才能够实现。

直至今日,主要能源煤炭在发电中仍发挥着重要作用。此外,水力发电厂也在自然条件允许的地区供电。自20世纪60年代以来,高性能核电站的建设,显然意味着发电的多样化。在核电方面,美国原子弹和核武器的发展也影响了民用核能。大多数国家将浓缩铀的轻水反应堆,开发成了潜艇驱动装置。

自20世纪70年代以来,核安全问题引发了激烈的社会讨论,这既涉及安全问题,也涉及根本的未来技术文明问题。在很多时候,使用核能和其他化石能源的观点,与使用再生能源的观点,二者形成了极端的对比。关于二氧化碳排放对全球气候变化重要性的新见解,使得人们对可再生能源寄予厚望。但是,到目前为止,只有水和风这种"旧式"能源的再生和利用对能源结构做出了重大贡献。核能的未来在政治上——尤其是在联邦德国——引起了很大争议。

7.3 城市——科技需求之源

在工业化时期,城市人口迅速增长。由此引起的城市数量的增长,一方面体现在人口增长的地区,另一方面以密集的内城区居住区的形式出现。城市开始划分功能,中心位置是服务型公司和行政管理部门。在边缘地区,建立工业区和居民区,通常根据社会阶层划分不同的居民区。

在狭窄的城市空间中,数十万人甚至数百万人共同生活,这需要高度发达的技术基础设施。为了满足人们的诸如食物、住房、温暖和通信等基本需求,需要建立技术网络。其中一些(例如天然气和电力供应)可盈利;还有一些(例如当地的公共交通以及供水和卫生)则需要补贴。特别是在具有自由传统的国家,卫生问题只有在臭气熏天时才能得到解决。直到19世纪下半叶,城邦的相应措施才生效,并逐渐改善了无比糟糕的居住和生活条件。

在城市中,大多数人步行,而富人除了步行,也使用马和马车。而公共交通始于马拉公交车。在1820~1870年之间,马拉公交车塑造了公共交通的形象。坐在公交车里的人感觉自己更像公民,而不是工人。交通线路将城市中心与游览目的地,富人居住区和终点站连接起来。

自19世纪30年代以来,公交车行驶速度相对较慢,促使人们开始尝试有轨电车。电车不仅容量更大,而且振动和噪音也较小。彼时有一项决定性的创新,是将铁轨铺设在街道的地面上。在那几十年里,马拉公交车和有轨电车共同满足了人们的交通需求。

但是,自19世纪70年代开始,基于马牵引力的城市交通逐渐走向了尽头。从卫生的角度来看,人们还需要清理街道上的马粪。通过对马拉公交车替代品的深入研究,电车终于成为公共交通的主要出行方式。为此,人们又必须解决电源的技术和社会问题。架空线提供了最大的安全性,但是相当多的公民表示拒绝,因为它们破坏了城市景观。在欧洲的城市里,公民的抵抗力比美国大,原因是电车在这里更早出现。到世纪末,通过美学设计和减少了电车的支撑杆,在欧洲城市中,公民也开始和新的公共交通方式和解。

自20世纪初以来,在大城市里,电车与城市铁道、高架铁道和地下铁道,已形成了一种有效的公共交通系统,工人们也在使用这一系统。有轨电车和郊区铁路,为城市面积和郊区化进程做出了重要贡献。20世纪大规模的机动化,使电车的用户越来越少。在战后时期,许多城市停止了电车运行,开始运行公共汽车。城市,逐渐转变为汽车友好型模式。如今,在一些城市又开始搞反汽车运动。

众所周知,煤和木材的闷烧产生的气体,可用于加热和照明。1800年左右,法国和英国的发明家建造了气体发生器和煤气灯。燃煤时产生的气体混合物具有爆炸性,并含有有毒气体一氧化碳,这就是我们在使用煤时需要格外小心的原因。最初,这些气体用于供暖和工厂以及私人住宅的照明。使用煤气后,工作时间可以延长到天黑之后。这种使用独立设备的经验,也开始用于伦敦的公共天然气供应。该工厂于

1814年投入运营,取得了巨大的成功,很快有人开始效仿。1823年,英国已经有52座城市有了燃气照明设备。

1825年,一家英国公司在德国汉诺威安装了第一个天然气网络,这也是它首次踏入德国土地。同样,德国第一个自来水供应和污水处置网络也是通过从英格兰进行技术转让而建立的。通常,市政府会在有限的时间内授予公司供应垄断权。直到19世纪60年代,几乎所有德国大中型城市都允许安装天然气网络。当时,在德国的新商务领域,股份制公司已经占据主导地位。随后几十年的趋势是,天然气网络从私人转公共。国家越来越喜欢将城市基础设施解释为一种公共设施。他们还发现,天然气可以用来改善城市的经济状况。最初,首先是街道和广场装有照明设备,其次是公共建筑,最后是私人公寓。

自19世纪末以来,天然气和电力之间的竞争异常激烈。电力照明的传播方式与天然气的传播方式相同,从公共场所到私人住宅,从私人公司到公共设施。两种能源之间竞争的结果是,电力将天然气从照明设备变成了供暖设备。在公寓里,煤气炉代替了煤炭炉。在第二次世界大战后,电炉开始普及。今天,煤气以天然气的形式再次走入大众视野,一般用于房屋供暖。

城市人口的增长和工业化也增加了人们对饮用水和生活用水的需求。特别是随着19世纪下半叶洗手间的逐步普及,私人用水量也增加了。迄今为止,城市供水是基于两个渠道:大多数城市都有大量的地下水,可为附近居民提供饮用水;少数城市则从外部的河流,天然湖或人工湖引入水源。

这种传统的供水系统,无论从质量上还是从数量上都无法满足新的需求。在许多城市,地下水严重污染,特别是由于污水坑密封不充分。这就导致伤寒和霍乱盛行。自19世纪中叶以来,德国较大城市通过建立中央供水厂来解决此问题,供水厂借助砂滤器清洁地下水或河水。泵站将其运送到水位高的蓄水池或水塔,再从那里输送给消费者。直到20世纪初,几乎所有大城市的居民都可以使用水,无论是在走廊上还是在公寓里。

供水的扩大和改善导致废水量膨胀。由此引起了一些迫在眉睫的问题,特别是霍乱的流行。因此,从19世纪30年代开始,在英格兰的大型工业城市发起了一场卫生运动,随后蔓延至欧洲大陆。该运动中,话题讨论的中心和争议点是粪便和废水的处理。其中最大困难的是,流行病的原因和传播媒介尚不清楚。一种观点认为,水是最重要的传播媒介,另一种观点认为媒介是空气,两边争吵不休。直到19世纪末,细菌学才得出结论,细菌以水为生。

当时,人们在两种解决方案之间摇摆不定。第一种方案是将粪便和固体废物收集、清除,进行农业利用。第二种替代方案是建立一个冲积和混合下水道系统,其中污水(无论污染程度如何)与雨水结合在一起进入河流。污水和雨水相结合的污水处理方案,优势在于通过水流冲刷,可以更好地清洁下水道。最后,冲积排污系统盛行,因为它为城市带来了高度的卫生舒适感。废物收集的概念仅以垃圾处理的形式实施。不过,冲积污水系统给河流带来了严重污染。不少例子表明,流行病已经转移到了河流的下游,很多河流沦为废水的帮凶。此外,河流还受到不同工业废水的污染。

这些被污染的河流阻碍了人们在河里沐浴和游泳,城市试图通过建立市政沐浴设施来弥补这一遗憾。但是,在19世纪,下水道系统不能完全保护城市免受流行病的侵袭。废水处理和水的生产并没有得到协调,在过载的情况下,下水道系统可能会起反作用。

1848年,一位英国工程师在汉堡建立了德国的第一个污水处理系统。由于成本高昂,其他城市跟随的脚步缓慢。如果城市附近没有大河,就不会有污水排放。有一种解决方案是创建污水处理场,通过管道引入的废水,作为肥料分配至大型的农业用污水处理场。由冲积污水系统造成的水污染,在20世纪时,随着排污系统的建立消失殆尽。1887年,在美因河畔的法兰克福,建立了第一家极简但效率不高的污水处理厂。后来,更先进的废水处理厂出现了,通过机械、化学和生物工艺净化废水,然后将其送回自然水参与循环。与集中供水一样,下水道的普及和废水处理是一个漫长的过程。它始于大城市,并通过小城镇进入农村。

技术型基础设施系统中,有很重要的一部分位于地下,并且不可见。但是自工业化以来,代表城市面貌的高层建筑也发生了变化,尤其是使用了新型建筑材料之后。在工业革命之前,建筑物主要由木材、黏土、人造石材和天然石材制成。其后是钢铁作为建筑材料,最后是人造水泥制成的混凝土。混凝土的优点在于,它可以倒入模具中并且有耐压力。19世纪中叶,工业时代两种新型建筑材料开始结合,即钢和混凝土。创新者最初想到使用钢筋,是因为金属丝网的形状有利于部件成形。钢和混凝土的结合是理想的,因为混凝土吸收了作用在构件上的压缩力,而钢吸收了拉力,人们直到近几十年才意识到这些。

各个创新者(尤其是在法国)彼此独立,钢筋混凝土结构在19世纪下半叶走向成熟。它从单个部件的制造,发展到整个房屋的建造。钢筋混凝土建筑,在20世纪初取得了突破。甚至在第一次世界大战之前,就已经以这种方式建立了成千上万的建筑物。此外,有很多钢筋混凝土建造的壮观建筑,例如大型桥梁和防御工事,以及许多私人和商业建筑,它们都用了历史主义风格。在第二次世界大战期间,大规模的壳体结构出现,只用于由新建筑材料和新建筑技术建造的建筑物。

在19世纪80年代后期,人们认识到可以通过对钢丝或钢筋施加预应力,来对承重零件进行预承载。预应力混凝土工艺所需的材料更少,可以在出现的拉伸力和压缩力之间取得平衡。这些建筑物既可以节省材料,也可以进一步延伸,这带来了成本优势。但是,直到20世纪30年代之后,第二次世界大战之前,这些方案才得以大规模实施。预应力混凝土仅在二战后得到广泛使用。要解决的最大问题是,第一次世界大战之前使用的结构钢不允许有更高的预应力,而混凝土的变化消除了当时可以实现的预应力。

在钢筋混凝土建筑最初的几十年中,人们开始怀疑这些结构是否耐腐蚀。只有对旧建筑的加固进行审查,并且得到了令人满意的结果,批评的声音才消失了。几十年来,人们一直相信,在钢和预应力混凝土中有一种"永恒的建筑材料"。但是,事实证明这是一个错误。经验表明,水分会通过细线裂缝渗透混凝土并侵蚀钢筋,很多钢筋混凝土建筑必须花高价进行修缮。

20世纪之后,美国也建造了钢筋混凝土制成的高层建筑。第一批有16层,比现代钢架建筑低很多。随后,成本结构不同,施工技术的范围也就不同。通常,钢框架结构的材料成本较高。钢筋混凝土施工中的人工成本也较高,因为模板和钢筋非常耗费人力。在19世纪和20世纪,机械化也影响了建筑业,但它无法像其他工业部门一样普及机械。自19世纪以来,混凝土搅拌机、铲子、钻头、机械锤等已出现在建筑工地。最初,由蒸汽机作为驱动工具,在20世纪时,逐渐转向由电动机或内燃机驱动。

市中心地价高昂,人们开始建筑高层楼,也是出于业主和建筑师的需求。建高楼的前提条件是乘客电梯的进一步发展。货梯本就有着悠久的历史。以利沙·G. 奥蒂斯(Elisha G. Otis)为电梯作出了贡献。19世纪50年代,他设计了一个自动锁,可以防止电梯在悬索断裂时掉落。19世纪70年代后期,新的"安全电梯"出现了。一开始其通过蒸汽机和钢丝绳进行液压移动,自20世纪初开始,通过电动机进行移动。在此之后建造的高层房屋有铸铁柱,钢铁支柱和人造石材或天然石材制成的外部砌体。1871年,一场大火将芝加哥土地的近三分之一夷为废墟。也正是在这座城市,建造了高达16层的房屋。

房屋高度主要受承重砌体的限制,考虑到经济原因,砌体不能随意扩大。建造更高的建筑物,需要一种新技术:钢框架结构。它更便宜且建造时间更短。当时,钢结构高层建筑承重结构的重量,仅为承重砌体重量的三分之一。19世纪,新的建筑方法,以铁或玻璃和铁为依托,如1851年伦敦世界博览会上的水晶宫,1889年巴黎世界博览会上的埃菲尔铁塔。在钢架结构中,只用铸铁和钢作为支撑,不再依托外部砌体。各个楼层均位于钢制横梁上。大规模的钢铁工艺,首先是贝塞麦工艺,后来是西门子-马丁工艺,为新建筑铺了一条康庄大道。采用钢框架结构,可以扩大窗户面积,减轻办公室的重量。

19世纪80年代,在芝加哥的新建筑中,砖石结构不再行使承重功能,转而采用钢框架。说到新建筑,"摩天大楼"一词是在1890年左右为十层楼以上的建筑创造的。20世纪之后,高层建筑发展到新的高度,尤其是在纽约。1908年,47层的歌手大厦落成,首次突破了200米大关;1913年,伍尔沃斯大厦达到260米;1931年帝国大厦达到380米。直到今天,世界第一高楼的竞赛在不同国家仍在继续。它展示了高层建筑的全球化,同时也展示了世界的现代化。

今天,全球城市人口已然多于农村人口。现代城市成了名副其实的科技之都,一个通过技术使之成为可能并展示技术可能性的地方。城市的三维结构由住宅、商业建筑和交通建筑组成,而建筑包含了供应设施、垃圾清理设施和通信设施。它们在历史上独立发展,但在功能上也彼此相关。此外,至少自工业化以来,绝大多数技术都是为城市及其居民开发的。因此,城市不仅是现代性的阅兵场,它本就代表现代性。城市居民通常可以在他们生活的地区找到最先进的技术,比如在工厂里,在道路上,在其他运输路线中,在基础设施系统里,在娱乐场所里,特别是在他们自己的家里。

7.4　流动性和大规模机动化

20世纪,流动性的发展可以用两个关键词来描述:增长和个性化。

1910年，一个德国公民一年所经过的路程约为700公里，其中大部分是通过乘坐公共交通工具完成的。1989年，一个德国公民一年所经过的路程约为11000公里，其中有9000公里是通过汽车完成的。在个人流动性方面，自行车为汽车铺平了道路。人们出行次数的增加，主要与休闲交通、度假交通有关。此外，空运为旅行者打开了周游世界的大门。

自行车的发展始于19世纪初期。当时出现的自行车是驾驶员坐在两个轮子之间的架子上，双脚踩踏，相当于可操纵的人造马，风靡了一段时间后，很快又消失了。自行车的持续开发和使用，始于19世纪60年代的法国，当时的自行车带有车轮，带踏板的曲柄驱动器直接作用在前轴上。这种难以控制的驾驶机器成了资产阶级的体育休闲活动新宠。在19世纪70年代，自行车制造的中心从法国转移到了英国。在这里，一种新型自行车——便士自行车（Penny Farthing）登场了。

这种自行车通过扩大前轮来加快行驶速度，也更容易克服道路颠簸。此外，驾驶员在踩踏板时可以更好地平衡自身的重量。便士自行车，发展成了一种工业休闲文化。它开始风靡各个俱乐部，受杂志吹捧，并发展成比赛，出现了很多配件商店……这项昂贵而精致的自行车运动，是男权社会上层阶级和中上层阶级的一种乐趣。

19世纪70年代后期，安全轮的出现扩大了自行车的使用范围，轮胎变低，前轮变小，座椅向后移动，链条传动装置驱动后轮轴。19世纪80年代后期的自行车，在很大程度上与如今的自行车相似。如今的自行车，突破之处在于充气轮胎，它使低轮自行车速度比高轮自行车速度更快，并且大大提高了舒适性。大型公司的自行车销售额已达数百万，新兴的二手自行车市场为中下阶层打开了大门。20世纪，自行车逐渐成为一种通用交通工具。人们骑自行车上班、郊游,尽情满足运动的欲望。据统计,在第二次世界大战之前,几乎每个德国人都拥有一辆自行车。自行车主宰了城市交通短途出行的市场。

在二战时期的美国,以及战后的德国,自行车取代了汽车的地位,成为最重要的个人交通工具。在19世纪80年代,汽车设计中的关键问题,是发动机的开发,最初大部分使用的是蒸汽机。但是,蒸汽车加热很费力。而电动机易于使用,但行驶距离很短,并且笨重的电池还会给车辆的机械结构造成负担。在以汽油为动力的汽油机盛行之前,电动驱动和蒸汽驱动经历了近20年的激烈竞争。工程师和企业家,如威廉·迈巴赫(Wilhelm Maybach)、戈特利布·戴姆勒(Gottlieb Daimler)和卡尔·奔驰(Carl Benz)推动了汽油车的开发。建造一辆汽油车需要新的转向系统、轮胎、悬架、制动器、齿轮、化油器、点火装置,冷却系统、润滑系统和动力传动装置等。

1885~1886年生产的汽车,用了约20年的时间,才有了更大的销量。一开始,有钱的技术爱好者热衷于购买汽车。他们有能力和意愿对汽车进行必要的广泛维修和保养。他们认为,汽车作为技术型运动器材为他们带来了新的体验。20世纪之后,随着可靠性和舒适性的提高,汽车也逐渐成为代表性的驾驶工具。昂贵的豪华汽车是繁荣与现代化的体现。这一驾驶工具,由专职司机驾驶,同时需要昂贵的保养费用。

德国人发明了汽油车,但它最先在法国风靡,然后在英国得到广泛使用。19世纪90年代,在法国,标致汽车(Peugeot)等有经验的机械制造工厂进入了汽车制造领域。他们从巴黎市中心的奢侈品市场以及贵族和资产阶级的代表性需求中获利。此外,他们延续了赛马和自行车比赛的传统,参加了赛车比赛。

一开始,汽车在公众场合的形象颇差。报纸上有诸多抱怨,机动车带来了灰尘、噪音和异味滋扰,汽车在马路上飞奔造成的严重事故,这些在当时都有详细的报道。20世纪之后,开始产生了有关机动车交通的通用规章制度。地区以及后来各个国家逐渐开始对道路交通、驾驶考试、车牌注册、税收、保险等出台了规定。这表明,汽车已从"私人木马"变为公共事物。

自驾汽车最初在美国盛行,欧洲紧随其后。大约是从1900年开始发生了变化。奥兹莫比尔(Oldsmobile)是第一家大规模生产传统小型汽车的公司。亨利·福特(Henry Ford)的步伐则迈得更开,自1908年以来,只制造一种型号的汽车。福特公司的策略是,尽可能有效地制造T型车,从而降低价格,增加销量。这样,福特公司和其他汽车制造商,为战间期美国大规模机动化创造了技术生产条件。1930年,人们普遍的购买力都很高,据统计,美国四分之三的家庭买得起汽车。在全球范围内,每10辆汽车中就有8~9辆来自美国工厂。

在德国,汽车制造商和消费者只是乐于效仿美国,但德国的经济状况并不乐观。德国的汽车密度远低于美国,其中80%~90%的乘用车用于商业用途,服务于供应商、代理商、工匠等。大多数员工的预算不允许他们购买私家车,但摩托车除外。在德国,确切地说是联邦德国,1956年之前,摩托车的数量一直超越汽车的数量。

国家社会主义的汽车友好政策,没有从根本上弥补德国的机动化差距。高速公路的建设,最初主要为了创造就业岗位。高速公路并没有满足运输需求,而是用于证明政权的活力和现代性。大众汽车以类似的方式将宣传与幻想结合在一起。第二次世界大战开始时,平地而起的大众汽车工厂已接近完工,但汽车的订单数量远远低于预期。广告宣传的目标群体,本该作为汽车买主的大多数家庭,却买不起大众汽车。不过不管怎样,1933~1939年,在德国注册的汽车数量还是增加了2倍。

在德国国家社会主义统治下,军备和自给自足是国家首要目标。但当时的政权几乎没有满足人们的消费需求,反而可能是只涉及少数用户的大众汽车项目,"通过欢乐获得力量"的旅行标语,更多地唤醒了人们消费的欲望。但是,只有在战后,西方经济一体化,联邦德国经济繁荣,才得以创造满足大众需求的前提。作为消费品,汽车的批量生产是一个中心因素。在联邦德国,汽车对于"经济奇迹"、新个人主义和集体主义、社会主义国家的分界具有象征意义。在20世纪50年代,联邦德国成为仅次于美国的世界第二大汽车制造商,而且是世界上最大的汽车出口国。直至20世纪70年代,日本才取代了德国,成为世界第二大汽车制造国和出口国。

汽车的发展特点是,不断改进大众已知的基本要素。自20世纪60年代以来,电子产品给生产和建筑带来了非常大的变化。人们在汽车生产中引入了工业机器人,特别是在自动焊接机和高度自动化的生产线。车辆本身加入了越来越多的电子组件,例如晶体管点火,防抱死制动系统,车辆动力学控制,汽油喷射,排放控制,诊断系统,变速箱控制,安全气囊等。电子化进程可能还会继续。

但是,汽车重要的变更与车辆技术本身无关,而与改变设计参数的社会趋势有关。传统的技术和经济要求(例如性能和经济性)已经逐渐扩展,或者因为人们的强烈呼吁(例如安全性和环境质量),有了更多局限。从1970年左右开始,逐渐有了一些提高车辆安全性的主动措施和被动措施,这些措施可以大大减少道路上的伤亡人数。同时,在人们提高环保意识的过程中,更严格减少污染物的法规出台了。

汽车增加了个人出行的机会,飞机增加了集体出行的可行性。飞行,基于"轻于空气"原理和"重于空气"原理。飞艇验证了第一个原理,引擎飞机验证了第二个原理,两者都在20世纪初实现。飞艇一开始就有作为运输工具的潜力,而引擎飞机则更多用于体育运动比赛。

飞艇最重要的技术先决条件,是汽油发动机的推进,以及借助熔融盐电解法生产的廉价铝。德国领先的飞艇先驱斐迪南·冯·齐柏林伯爵(Ferdinand von Zeppelin)主要考虑的是它的军事用途。但是,花了相当长的时间,才使"齐柏林飞艇"具备适航能力,伯爵才能说服政治家和军方相信飞艇的用处。直到在第一次世界大战中进行战略部署时,飞艇作为侦察机和轰炸机的军事实用性才算迈出一大步。其实在战争之前,就有了飞艇观光飞行,可飞往固定的城市,但它没有带来任何经济收益。自20世纪20年代后期以来,横跨大西洋的客运业务也是如此。直到1937年,在美国莱克赫斯特(Lakehurst),"兴登堡号"飞艇(LZ129 Hindenburg)发生火灾,飞艇旅行的时代就此结束。

飞艇,作为航空史上重要的一个篇章,在它之后,动力飞机飞行逐渐展示出其更大的潜力。随着1903年莱特兄弟——哥哥威尔伯·莱特(Wilbur Wright)和弟弟奥维尔·莱特(Orville Wright)的飞行,机动飞行开始了持续发展。其他航空先驱者受到了莱特兄弟的启发,开始自我尝试。在很短的时间内,出现了一群飞行员,他们对飞机进行技术改进,利用飞机飞往更远的地方。他们将航空视为一项技术和体育挑战,类似于早期的自动驾驶。

军方最初对动力飞机嗤之以鼻,并认为飞艇更可靠。但是,这一观点在1910年左右发生了变化。在1910年之后,军方开始大力发展航空事业。在第一次世界大战期间,侦察机、战斗机和轰炸机未充分发挥军事重要性(尽管使用了大量机器)。但是,那时制造的金属飞机和功率很强的发动机,却使战后的平民受益。

最初的航线服务是使用改装的军用飞机进行的,主要是传送邮件,也运载旅客和其他货物。旅客可以从上方通过圆形接头俯视下空。直到20世纪20年代下半叶,短途和中途运输仍占据主导地位。很多航空公司和航线也因此获得了国家补贴。

最初,人们通常在白天飞行,并且仅在天气晴朗时飞行。天气不好是取消航班的原因。飞行员沿着河流或铁路线行驶,以地面标志为坐标。自20世纪20年代初以来,针对夜间航班,已经建立了带有地面引导系统的空中航线,例如每隔几公里就放置一个燃气标记杆。在恶劣的天气下,无线电信号会指引通往机场的方向。飞机飞越海洋时,靠星辰指引。车载雷达在第二次世界大战中成熟之后,使导航变得容易。

自20世纪20年代以来,空中交通发展成为长途交通。当时,从欧洲到亚洲、非洲或大洋洲的空中旅行需要耗费几天的时间。人们白天飞行,晚上在酒店过夜。海上飞行则由柴油发动机驱动的飞艇进行,有空中基地和中途停留地。第二次世界大战之前,泛美航空公司于1936年和1939年,分别开通了太平洋和北大西洋的常规飞行服务,道格拉斯的飞机DC-2(1934)和DC-3(1935)在美洲大陆上空飞行。他们在4000米的高空上以300千米每小时的飞行速度载着20多名乘客飞行。美国飞机制造业的蓬勃发展,是基于因国土辽阔,人们有远距离出行的巨大民用需求。

即使在第二次世界大战之后,民航也从战争期间的加速生产膨胀中受益。在几年之内,飞机发展成通用运输工具。1957年,选择乘坐飞机的北大西洋的旅客人数,第一次超过了坐船的人数。技术上最壮观,经济上最重要的一个转变,是从动力飞机向喷气飞机的过渡。二战期间,制造商开始制造喷气式战斗机。事实证明,英国公司德·哈维兰(De Havilland)研制的"彗星号",是1952年上市的第一架民用喷气飞机,但它的投入为时过早。在几次神秘的坠机事故中,共有110人丧生,于是,"彗星号"于1954年退出历史舞台。人们发现,新设计的加压舱室无法承受交变应力。1958年完成的"彗星号修订版"也以失败告终,因为彼时波音707和DC-8拥有更现代化的喷气式飞机。喷气式飞机的巡航速度从大约570公里每小时增加到了大约900公里每小时,而且,更重要的是飞机的承载能力提高了。与螺旋桨飞机相比,它的座位数可以增加大约一半。此外,喷气飞机的维护工作更便捷。

宽体飞机的投入使用是民用航空中的又一个里程碑。首先,波音公司在竞标中输给了竞争对手洛克希德公司,后者拿下了一架大型军用运输机的招标书。当时,波音公司在为B747的开发做准备工作。这架飞机最初可容纳约400名乘客,后来又扩大到600名,成为1970年的第一趟定期航班。

其他制造商也纷纷改造自己的机器。宽体飞机将成本降低到一定程度,从而让航空成为大众市场。如今,空客(Airbus)正以A380进军新的领域。该飞机采用减轻重量的制造技术,最多可容纳840名乘客。

自20世纪70年代以来,人们对飞机的要求增加了,特别考虑到了经济性和降低噪音。制造商对此做出了反应,首先减少了发动机数量。后来,北大西洋航线也开始使用两个引擎机,这样可以通过降低喷气速度来降低引擎噪音和消耗。大涡轮机可确保恒定推力,甚至是更大的推力。借助大的前风扇叶轮,将热的燃烧气体包裹在冷空气中,从而减少了湍流并减少了噪音排放。

汽车和飞机改变了人的流动性,这一现象在假期旅行中尤为明显。战后时期,在联邦德国,度假旅行从少数人的特权发展为大多数人的习惯。1954年,有24%的德国人外出旅行。1973年,首次超过一半的人口外出旅行,在1990年,该数据达到约70%。汽车和飞机正在取代火车,成为乘客首选的旅行出行方式。随着时间的流逝,越来越多人尝试出国旅行。1954年,有15%的度假者选择出国旅行,自20世纪90年代以来,这一数字达到了约70%。目前,每年国外度假者和国内度假者的人数之比约为7:3。长途旅行的比例仍在增加。

美国人的旅行行为与德国人有一些不同。在美国,不仅职业流动性更高,美国人对旅行的热衷也更胜一筹。人们误以为德国是"世界旅行冠军",但对于德国人而言,度假旅行是旅行的重中之重,而对于美国人来说,拜访旅行才是他们旅行的重点。在美国,职业流动和个人流动之间有着密切的联系。美国人经常去以前的居住地点或工作地点探望朋友和亲戚。相比之下,不休假的美国人比例明显高于德国人。因此,短途旅行对美国人来说比长途旅行更重要。与德国相比,在美国,汽车和飞机的交通流量占比更大。大多数美国人在本国国内旅行。最受欢迎的旅行目的地是佛罗里达州和加利福尼亚州。即使如此,美国人的海外出游对某些国家来说还是很重要的,尤其是对于中美洲、加勒比海地区以及西欧地区。

旅游业的扩张得益于物质因素和精神因素。新的运输方式缩短了空间和时间。遥远的目的地仿佛遥不可及,相比而言,短途旅行似乎更有吸引力。多给自己几天假,可以飞进南方艳阳里或一览白雪皑皑的山脉。第一次长途旅行,可能觉得这是一次冒险,但是次数多了,长途旅行就成为一种习惯。远方不再显得遥远,陌生人不再显得陌生。此外,旅游业还为旅游目的地配备了来自游客故土的熟悉餐食。住宿、食物、商店,娱乐成为异国和本国文化的混合体,度假国成了游客的第二故乡。

在扩大旅游目的地范围时,可以同时使用"虚荣效应"和"从众效应"。虚荣者(如追求豪华的旅行者)追求独一无二、特殊经历、面子声望,因此乐于寻找新的旅行目的地,推动了旅游业的发展并为追随自己的"从众者"铺路。在一个旅行地成为热门大众景点之前,他们又奔赴新地点。游客旅行的动机有休养的需要和满足好奇心和虚荣心等。休假和旅行有助于人们休养,让人们从工作和日常生活的压力中恢复过来。很多游客,尤其是健康度假和水疗中心的客人,他们希望通过旅游休养生息,重获生机。其他人则表示,他们认为新的、陌生的事物充满了魅力,包括天气、气候以及山川湖泊的景观。异国旅行遇到的人,感受的异域文化,所有东西都值得感受,他们可以写下自己的旅行经历和体验,也可以通过明信片、故事、照片、电影或晒成棕色的皮肤,来向那些未出门远行的人,展示自己的旅行经历。

如今,关于旅游业的话题很多。这些话题传达的是,旅游业在某些方面遵循工业大规模生产的原则。像工业一样,旅游业也使用机器,从预订系统到运输工具。为了获取经济效益,人们建造了大型度假区,力求在整年中尽可能全面地利用这些旅游设施。

旅行社在服务清单中提供了很多标准化的度假元素。由此,可以将单个行程与工业模块化系统联系在一起。包价旅行有着不同类别,如购物旅游、教育旅游、运动或冒险旅行。跨国旅游集团整合了旅游服务的大规模生产和大规模分销。他们旗下拥有旅行社、航运公司、酒店和度假俱乐部。各个组织者的"垂直制造范围"是不同的,其中一些组织程序仅仅需要一些相对单一的技术和合作者,另一些则需要更多的供应商的参与。但是,工业化的大规模生产,在旅游业中也有其局限性。服务部门只能在有限的程度上,进行产品加工和自动化。商家和客户之间的交流,仍然是关键。季节性气候差异无法消除,如炎热的天气和强烈的阳光只能通过遮阳或空调来缓解。

7.5   大众传媒

早在19世纪和20世纪初,电报和无线电通信系统就兴起了,且遍及全球。电话,实现了更远距离的人声通信。但是,早期的通信系统有一个共同点,即很少有人使用它们。它们费用高昂,主要是出于经济、政治目的。相比之下,在 20 世纪,大众媒体(如报纸、广播、电视和互联网)却覆盖了大多数人口。

19 世纪,报纸的兴起与自由民主潮流有关。公民的政治参与和新闻媒体结合成一种新的公开形式。技术的发展做出了以下重大贡献:在 20 世纪,至少在城市中,有大量报纸可供选择,而且工人还可以买得起日报。

报纸作为大众媒介,最重要的技术前提是纸张的生产、排版和印刷。自中世纪以来,纸张由一些碎布作为原料,经劳动密集型人工制造而成。

原材料基地和手工艺,都限制了纸的产量,并使其价格居高不下。18 世纪末,在法国造纸机的发明标志着工业造纸的开始。这体现了技术发展的社会融合,法国大革命期间对纸张的需求不断增长,推动了发明的发展;另一方面,造纸机不再需要依靠不守规矩的造纸工人。在随后的几十年中,英国的造纸机技术和经济日趋成熟。1825 年,机器造纸的产量已超过手工造纸的产量。

人们一直在寻找纸原料的替代品。19 世纪中叶,人们找到了木浆。顾名思义,木浆,是用磨刀石磨碎的木头。原先用纸浆制成的纸,缺点在于其随着时间的流逝,它们会变成褐色,而且易碎。在 20 世纪后半叶,人们找到了避免了这种缺点的方法:从木材中提取纸浆(纤维素)。直到第一次世界大战,纸浆由于其低廉的价格,而取代了其他纸张原料,并一直保持着到现在为止的主导地位。

在 19 世纪初,排版和印刷,与古登堡时期的地位基本相同,但机器工作取代了手工工作。在 1810~1870 年之间,印刷机的发展经历了各个阶段。第一批机器,按照滚筒平放原理工作,将装在平板车上的排字转印到附着在滚筒周围的纸张上。后来,技术改进后,在卷筒旋转机器上设有两个滚筒,让纸在两个滚筒之间通过。

这反映了人们的需求,即印刷机的大部分开发工作都是由报纸出版商提供资金,而最先进的印刷机供大型报纸出版商使用。小报社生产的报纸,通常满足于较旧的印刷机设计。因为购买具有巨大产量的昂贵现代机器,仅对大批量印刷有利。开发印刷机的另一个动机,是追求报纸的印刷速度的提升,这具有现实意义。针对机械化印刷的建议成千上万,因为人们意识到,手动排版是打印技术的瓶颈。1884 年美国开发了 Linotype("整行铸造")排字机。顾名思义,它是一台能一次完整铸造一整行铅字的机器。Linotype 排字机(用模具)将字母印刷的过程和注模过程分开。Linotype 排字机主要用于报纸排版,通过它的帮助,杂志和书籍排版更简便,正确率更高。

19 世纪引入的创新技术,如造纸机、纤维素纸原料、印刷机和排字机,降低了印刷的成本。大约从 1900 年开始,人们也可以通过打印介质来打印摄影图片。这是将半色调原件分成半色调网点并将它们转移到印版上的过程。这项技术对画刊来说极为重要。从 19 世纪中叶开始出现带插图的杂志,使用了各种图像印刷工艺,如木刻和石版印刷。而摄影为图像添加了真实性和自发性。最初,摄影师用平板相机拍摄风景、建筑物或人像,而在战间期发展的新闻摄影,则使用快门速度较快的便捷相机和赛璐珞胶卷胶片,它们开启了原始且壮观的快照时代。20 世纪又出现了彩色照片。

第二次世界大战后,光机械和光电工艺使印刷技术有了新的根基,在20世纪50年代下半叶,复印机投入市场。在印刷厂中,照相排版取代了铅版排版。在印刷技术中,到目前为止,(电子)胶版印刷已普遍用于报纸等大宗印刷品,而彩色印刷或激光印刷已普遍用于单次和短期印刷。电子工艺的优点之一是,可在打印之前立即进行校正。如今,报纸和杂志等"印刷媒体"与电视和互联网等"电子媒体"相比,虽没有完全消失,但已经失去了主流地位,印刷技术的最新发展也清楚地表明了这一点。印刷媒体和电子媒体之间的界限变得模糊。

1876年发明的电话成为大众媒体,大约用了一百年的时间。由于系统容量有限,电话在很长一段时间内非常昂贵。20世纪,从直流电到交流电,再到同轴电缆,最后是光缆的过渡,将一条线路上可用的信道数量增加到数千个。

随后,频带以类似的方式更好地应用于无线电通信。此外,20世纪60年代,出现了一种新的传输技术。信息的数字化与在一个时间窗口中以密集包的形式进行传输相结合。这样,自20世纪60年代以来,全球新闻承载系统的能力得到极大发展。从长期来看,这会导致电信业务价格崩溃,一方面,参与者业务的数量在扩张;而另一方面,提供的服务在增加。

自20世纪60年代以来,商务沟通占了电话沟通的主导地位。但是,越来越多的私人家庭开始购买电话。据统计,自20世纪80年代以来,联邦德国的家庭电话供不应求。在此期间,私人客户的销售额超过了商业客户的销售额。然而,在美国,电话的社会普及发生在第二次世界大战之后的几年中。在联邦德国,自20世纪60年代以来电话普及率的增长基于两种趋势：一是技术发展导致价格下降；二是富裕社会和消费社会引起的收入增加。另外，有许多迹象表明，邮政管理部门和商业电话公司长期以来低估并忽视了私人市场。在紧急情况下，信件、电话以及私下碰面，似乎已经可以满足人们大部分的交流需求。电话，这个新媒介经过了漫长的过程，才融入私人生活。随着电话在工作上的频繁使用，它在私人生活中的应用也逐渐普及。

　　另一方面，手机作为通信工具更加有活力。移动电话的物理学基础，即使用电磁波传输呼叫，与第一次世界大战之前，语音广播使用的理论基础相同。移动电话的历史可以写成一部设备的缩小化历史，同时也可以写成应用领域的扩展历史。例如，在战间期，特殊的团体运营着小型蜂窝网络，如军事、警察和救援服务。发送和接收信息的机器通常设置在车辆中。由于设备的高成本和大体积，无法实现广泛的商业化，但最重要的是因为缺乏频道。这种情况在1980年左右逐渐改变。自20世纪90年代以来开发者一直在进行的数字化，意义甚远。今天，我们正在对新的大众媒介进行文化融合，其结果如何尚不确定。

　　大多数大众媒体都服务于娱乐业。在整个20世纪，电影和电视的图像、广播中的声音和以技术存储的音乐，以新的娱乐形式取代了旧的娱乐形式。随着时间的流逝，它们在民间传播，因此成为大众传播媒介。

　　在广播中，娱乐广播属于技术先驱和商业先驱。但是，利用无线电技术，只能发送离散的摩斯电码信号。要传输语音和声音，必须从无线电产生的不连续振动转变为连续振动。自1906年以来，已经有了几种解决方案，其中，高频发射机和电子管发射机得到了认可。第一次世界大战期间,无线电通话设备开始投入大规模使用。

20世纪20年代初在主要工业国家建立的娱乐广播,就采用了这种先进技术。广播的传播,很大程度上取决于节目的吸引力,但也取决于相关费用。在美国,许多广播公司都是通过广告融资的。在德国,国家的公共电台收取广播费。德国经济薄弱,接收器的出现,使访问新媒体门槛变低。便宜的接收器(也可作为安装包)仅使用从发射器获取的能量工作,不需要电力。然而,事实证明,靠接收器接收能量很不便利。调试电台很难,须戴上耳机。不过,配有昂贵电子管设备的扬声广播,可以清晰地接收到来自国内外众多电视台的信号。使用更简单的电子管设备,就必须接受质量和电台接收范围方面的瑕疵。这其中就包括德国国家社会主义时期的"集体设备",包括民用设备和德式小型接收器,其价格低廉,质量也不甚好。在纳粹德国,比起设备价格的限制,广播的传播更多地受到经营费用的阻碍,广播费就是其中一项。尽管如此,在纳粹德国,广播的传播大大增加了,但不是作为宣传工具,它仍然是中产阶级的媒介。20世纪30年代,其他欧洲国家也发生了类似的增长进程,甚至在某些情况下超过了德国。

战后,联邦德国延续了无线电技术的特色。德国收音机接收不到国际中波。因此,德国广播公司转而使用超短波(UKW)。使用频率调制,UKW有着更高的声音质量,这特别适合音乐广播。在20世纪60年代,立体声的引入,为用户增加了聆听的乐趣。新技术的诞生,给了广播所有者一个更换新设备的重要理由。

随着时间的推移,国营公共广播系统也催生了许多节目。但它的缺陷是,可用频段的容量非常有限。1980年左右,卫星和宽带电缆在市场上建立了新的传输系统,节目的技术限制便不复存在了。1987年,在联邦德国,新的洲际广播协议规定了公私合营的"双重广播系统"。批准私营电台,主要是考虑到电视的市场,但也因此产生了更多(私营)广播节目。

1960年左右,几乎每个德国家庭都有收音机,但这比美国晚了约15年。随着时间的流逝,家庭中拥有多台收音机变得司空见惯。第二台和第三台收音机位于客厅以外的其他房间。而厨房和浴室,需要安装一些更耐用的特殊设备。每个家庭成员,尤其是年轻人和孩子,都会有个人单独的收音机。有些广播设备还有着特定用途,如时钟收音机、汽车收音机、手提收音机或袖珍收音机。无线电的经济获益,归功于小型化的广播设备,最初使用小型电池,后来使用晶体管来缩小广播设备的体积。

随着时代的发展,广播音乐面临着电唱机、CD播放器、卡带式随身听、CD随身听和MP3播放器的轮番竞争。在战后时期,电子设备和声音载体的价格暴跌,让音乐爱好者们得以建立一个可移动的音乐图书馆。

自20世纪90年代后期以来,音乐行业的总销售额一直在下降。造成这种情况的主要原因是非法盗版。互联网、电子计算机和物美价廉的大容量存储媒介,这些新事物使复制变得更加容易。随着技术的发展,未来可能会出现另一种新形式的音乐市场和收听形式。

19世纪末,从传统的摄影技术发展出电影,这不仅有社会原因、文化原因,还有技术原因。电影发展的先决条件是赛璐珞胶片的出现,它于1890年左右上市。胶片相机也采用了许多摄影技术。在移动电影院和露天电影院风靡之后,固定电影院占据了主流。直到第一次世界大战期间,长电影取代了短影片。引起这种发展趋势的,并不是技术原因,而是社会和经济发展的必然结果。无论如何,较长的故事片在20世纪占据了主导地位。起初,由于技术水平的不足,人们只能观看默片。一开始,人们就曾尝试为电影配上音乐和色彩,但屡次失败。放映机可以与留声机配合使用,但很难让声音和画面同步,尤其是对于长电影来说。另一个问题是,机械地存储在光碟上的音量,只能覆盖较小的空间。20世纪20年代后期,出现了功能强大的声音增强器和扬声器,它们为电影的制作提供了新动力。一个美国开发团队在赛璐珞胶片的边缘加入了声轨,这一解决方案至今仍在使用。在20世纪30年代上半叶,在很大程度上,有声电影取代了无声电影的市场。从无声到有声的转换,需要向制片厂和电影院大额投资,也给电影制片人带来了较大挑战。

最早的"彩色电影"是染色的黑白胶卷。直到战间期,才出现与自然色相似色谱的电影,这是通过分色胶片实现的。20世纪30年代中期,美国特艺公司(Technicolor)将这一工艺发扬,用这种特殊工艺将三色胶片制成彩色电影。但由于价格昂贵,特艺胶片的传播速度很慢。

战后,彩色胶卷进入市场。到20世纪50年代中期,彩色胶卷占领了特艺胶片的市场,价格与黑白胶片持平。彩色胶片的最终突破发生在20世纪60年代,当时彩色电视机市场不断扩大,各制片厂都想占领电视市场。此时,电影院观众人数减少了,声音和彩色电影的普及率下降了,新技术无法阻止或扭转这种下降趋势,最多只能抑制这种下降趋势。这同样适用于战后时期的进一步技术创新,例如电影院声效的改进,从立体声到杜比环绕声,以及从宽屏电影到全方位投影的投影方式的改进。这些将普通电影院变为多功能电影院以及转变为娱乐场所的努力,取得了有限的成功。

电影院是最早的媒体之一。不同阶层、不同年代、不同性别的人都去过电影院。但是,不一定会有很多人定期去电影院。第二次世界大战后,影院观影人数下降,这种下降趋势一直持续到今天,下降的原因多种多样。包括其他休闲娱乐活动与电影院竞争,电视的普及使家庭影院成为趋势。最终,这意味着电影院的生存空间越来越小,但电影业仍在蓬勃发展。

20世纪30年代中期,电视在德国、英国和美国开始普及。德国人习惯在公共放映室看电视。但屏幕过小,画面质量较差,使得这类新的媒体缺乏吸引力。直到20世纪50~60年代,技术改进后的电视才成为新的主流媒体。20世纪50年代后期,大多数美国家庭都拥有了电视。大约10年后,电视在德国家庭中也占据了牢固地位。

电视出现的早期,由于技术原因,很多节目都采取直播的形式,缺少一种便宜且易于管理的存储媒介。1956年,美国开发的磁记录方法(MAZ)解决了这一问题。电视节目发展成为直播和录播的混合体,而观众不一定能分辨出来。此外,MAZ扩展了图像处理的可能性。后来,从模拟技术向数字技术的转变,是一个更大的飞跃,电视和电影制片人大量使用数字技术来进行图像快速更改,用于插入视频、图片蒙太奇以及后来的计算机动画。这创造了令人兴奋的、有吸引力但很短暂的、流于表面的视觉体验,这在音乐视频和广告中最明显。

最早的时候,电视直播和电视节目还受到地区和国家的限制。现场录制的图像,可以通过同轴电缆或无线电链路在发射机之间传输。如1953年伊丽莎白二世女王加冕,1960年罗马奥运会……为了这些重要新闻,人们搭建了无线电通信线路。来自遥远国家的报道,会用胶片记载,再乘飞机运输。自20世纪60年代中期以来,通信卫星已经实现了全球实时广播和录音。1964年东京奥运会首次通过卫星广播播出。卫星转播,磁记录,以及由大型机构建立的全球通信网络,通过通信员和录音室,每天(同时)将全球事件(以电视解释的形式)带入千家万户。电视为人们创造了感知整个世界的可能性,尽管有时我们离屏幕距离太近了。

早期,我们使用黑白电视。第二次世界大战后,彩色电视将其取而代之。彩色电视的工作原理是带有三个显像管和滤色镜的相机记录了三种颜色提取物。这些通过三束电子束传输并转换为彩色图像。美国的NTSC(美国国家电视标准委员会彩色电视广播标准)制式于1953年完成,最初出现了传输错误,颜色变化过于明显。观众需要在"品尝按钮"的帮助下校正。最终,直到20世纪60~70年代,NTSC的改进版本才得以推广。

法国和德国的彩色电视开发工作,一开始是为了弥补NTSC制式的弱点。SECAM(塞康制,意为"按顺序传送彩色与存储")制式于1958年法国诞生,PAL(帕尔制,意为"逐行倒相")制式于1963年在德国诞生。NTSC制式,SECAM制式和PAL制式及其改进版本之间展开了激烈角逐。但是,竞争结果并非取决于制式的复杂程度及其优缺点,而更多取决于其经济和政治的营销。最终,欧洲出现了SECAM制式的东西轴线和PAL制式的南北轴线。观众并没有注意到,两种程序可以在解码器的帮助下相互转换。在德国,彩色技术的转换发生在20世纪80年代。

　　前面已经提到,在20世纪下半叶,电影院虽经历了萧条,但电影业依旧繁荣。过渡期过后,电影也可以在电视上放映,并产生额外收入。电影和电视之间的进一步联系是通过视频建立的。视频,可以理解为电影和电视的个性化展示。录像带和录像机的出现,依托于磁性录音、磁带录像机和电视公司的MAZ设备的技术开发工作。他们的任务是,使MAZ设备操作更简便,成本更低。自20世纪70年代中期以来,许多视频公司瞄准了大众市场。在激烈的系统战中,VHS(家用视频系统)胜出。人们之所以决定采用VHS,并不是因为它的技术更好,而是它的营销更加成功。最重要的是,VHS公司赢得了更多的许可。

　　20世纪,DVD播放器和几年后产生的DVD刻录机开始被视频技术取代。数字存储介质比它的先驱模拟存储具有更大的容量。DVD刻录机还可以访问互联网,这也引起了盗版问题。

　　当今,几乎所有的大众媒体都基于微电子学和计算机技术。在第二次世界大战期间,有一些国家开始使用计算机,它们算得上是当今计算机的先驱。计算机依靠机械部件、继电器或电子管工作。自20世纪50年代初以来,美国贝尔实验室就制造了晶体管,这是一种由半导体材料制成的新组件。在随后的几十年中,它极大地提高了计算机性能。随着时间的推移,人们开发了越来越多的计算机应用程序。20世纪60年代,计算机的民用市场超过了军事需求。最初集中放置的大型计算机,与办公室中分散的个人计算机以及私人电脑笔记本相比,逐渐失去了市场。最终通过互联网,计算机实现了全球范围的联网。

　　互联网的历史表明,大众媒体可以在没有集中针对性计划的情况下发展。它的起源可以追溯到20世纪60年代。一个隶属于美国国防部的研究组织ARPA（高级研究计划局）正在寻找一种将研究机构相互联系的技术。主要动机是通过分时操作系统，更经济地使用已有的中央计算机。为此，开发了用于连接计算机、链接和发送信息的解决方案。计算机的实际用途超出了计划。电子邮件成为最受欢迎的早期应用程序之一。在20世纪70年代和80年代，美国和欧洲国家出现了军事用途之外的其他网络，其中一些也连接到ARPA网络。

在20世纪80年代，美国国家科学基金会建立了一个通用科学网络，随后，该网络取代了ARPA网络。欧洲核子研究中心（CERN）开发的通信平台也发挥了重要作用，将其进一步发展为全球信息媒介，搜索和导航网络变得更加容易。此外，万维网被用于格式化、寻址和查找放置在网络中的文档程序。

在此技术基础上，网络扩展到了科学界之外，并在20世纪90年代实现了商业化。互联网发展成为一个通用的全球交流空间，政府和非政府组织，商家和非商家，包括个人，都通过互联网发布和检索信息。许多非政府组织以相当自由的方式管理互联网。为了访问和使用网络，人们已经创建了许多技术解决方案，例如浏览器和搜索服务。互联网需要利用数百个光纤电缆和通信卫星的全球基础结构，而这些基础结构一开始主要用于电话通信。在千禧年之交，通过互联网传输的数据量可能已经超过了电话。

自90年代后期以来，互联网用户数量激增。同时，至少在富裕国家，大多数人都有条件使用互联网。继电子邮件这一孤独的领跑者之后，互联网程序越来越多样化。互联网让信息、交流、娱乐呈现出多样化。通过互联网,人们可以查询信息,完成银行业务,购买商品,下载音乐,玩游戏,聊天,保存日记等等。互联网商业产品,通过收费或广告来获利。

互联网的影响范围巨大而无法估量,这自然唤起了无数人的希望和恐惧。无论如何,媒体的未来,以及它与文化、社会的融合,或许是前所未有的。互联网具有实现通用媒体融合的潜力。书籍和报纸,音乐,电影都可以通过数字技术传输到互联网。但是,这也随即产生了许多法律问题、商业问题和文化问题。因此,在什么范围上实际使用什么样的技术手段,还在逐步探索之中。进入21世纪之后,固定设备和移动设备飞速发展。随着云计算和物联网的技术发展,互联网的访问设备也不仅局限于个人计算机的手机等移动设备,还逐渐覆盖出行、家居、医疗等广泛领域。这些都在逐渐实现。

7.6　未知的未来:技术、环境与消费

在20世纪,人们对技术的态度,发生了根本性的变化。大约在1900年,大多数人对技术的发展寄予厚望,但是今天,人们常常持怀疑态度或观望态度。然而,刚刚迈入20世纪的时候,所有重要的政治和思想群体都对技术持乐观态度。执政的资产阶级和贵族阶级,将技术视为增加私人财富和巩固国家权力的决定性手段。马克思主义使工人们在理

论上对技术抱有积极态度。根据马克思的学说,技术和其他生产力将加剧资本主义社会中的矛盾,并有利于社会主义革命。人们的日常生活也验证了技术的优势。自 19 世纪中叶以来,人们的生活条件已有所改善。在随后的时期内,大多数工人对生活感到满意,因为技术可以增加工资和减少工作时间,在很大程度上提高了生产效率。

这种积极情绪的破坏,源自于人们体验到两次世界大战中,战争技术的破坏性威力。大萧条期间,评论家将大规模失业归咎于技术合理化。但是,直到 1970 年左右,才有人对技术进行了根本性的批判。有趣的是,正好在 1969 年,人类首次踏上月球,这是人类发明精神和征服精神的重要标志。

自 1970 年以来,几十年里人们对技术的批判性讨论,主要围绕它对人类的三种威胁。第一种威胁可追溯到第二次世界大战,美国启动了核武器,随后在广岛和长崎投下了原子弹。超级大国军备竞赛产生的巨大歼灭威力,使恐怖氛围弥漫,这成为了人们讨论的焦点。人类可能会毁灭自己,或者至少会破坏自己生存的根基。第二种威胁是与人本身的被替代性的普遍增加和技术变革的加速有关。技术评论家认为将其视为对社会稳定以及人们心理和心理完整性的威胁。具体来说,他们认为技术创新使人类技能和知识贬值,将知识转移到人工智能系统中,削弱个人的信息自决权,减少了最后借助基因工程创造新型生物的可能性。第三种威胁指的是对自然环境的破坏。个别地区的环境问题已载入人类史册。早在古代,人们就已经开始对此抱怨,例如金属制品的污染物排放问题。在中世纪,城市中因地下水污染爆发了流行病。

早前,还有镜片玻璃厂的工人汞中毒。随着商业生产的增长,环境污染
也在增加。尤其是自工业革命以来,环境污染急剧增加。人们显然较
早发现了技术对环境的危害,并开发了减少污染物的技术解决方案。
但是,通常来说,随着技术产物产量的增加,环保的改进成果甚微。直
到1970年,人们才开始重视环境问题,将其与工业化和机械化关联起
来,并对"环境保护"这一概念进行了概述。

　　另一个长期趋势是,环境污染的空间扩展。环境污染问题,首先出
现在城市。直到20世纪,德国城市的死亡率都高于全国的平均水平。
大型工业城市(如鲁尔区)的环境问题迫在眉睫。早在20世纪20年代,
这里就成立了地区环境保护机构,例如鲁尔煤炭区定居协会的烟气损
害委员会。第二次世界大战后,所谓的新型森林破坏表明,不同国家的
生态系统已经遭到破坏。在19世纪和20世纪,环境问题及人们对环境
的认识,从地区延伸至全球。今天,全球气候中的人为变化,成了讨论
的焦点。因此,在全球范围内都有相应法规出台。

　　19世纪和20世纪,环境保护的主题发生了变化。最初,环境保护措
施主要出于经济利益。因此,化工行业致力于废弃物的回收再利用。
第二个环境保护的动机是保护工人和居民免受污染。直到后来,保护
自然环境才成为真正的主题。对此,我们可以用不同的方式证明环境
和自然保护措施的合理性。以人类为中心的自然保护区,人们希望将
自然保护区作为休闲区或具有美学价值的区域来保护。

　　环境保护措施,最初是针对工商业污染,后来才面向个人污染。一
个典型的例子是英国城市的烟雾问题。早在19世纪上半叶,英国就通

过了工业蒸汽机点火的相关法规。但这并没有带来任何根本性改善，因为空气污染主要是私人住宅中开放式燃煤烟囱引起的。地方政策和国家政治，很难与根深蒂固的开放式壁炉文化传统对立。1956年，英国政府通过《清洁空气法案》，大力减少了个人烟气排放，在此之前，环境灾难造成了数千人死亡。从机动车污染物排放的减少中，也可以看到类似的情况。

从长远来看，19世纪和20世纪采取的大多数环境保护策略都是不充分的。因此，人们试图接受自然和文明的环境污染。比如19世纪很多城市建议人们煮沸饮用水以避免流行病的危险。在某些工业区，建筑物和房间被漆成深色。这样，空气污染物的污染就不那么明显了。最后，人们种植了一些植物，以便于更好地抵抗空气污染。

另一个治理污染的策略是移动、分散和稀释污染物。比如19世纪在城市中引入冲积污水道。下水道系统，趋向于保护城市地下水免受污染物的侵害，但通常仅将霍乱和斑疹伤寒等流行病转移到河流的下游。直到20世纪的污水处理技术的提高，这种状况才得以改善。几个世纪以前，人们试图借助高烟囱在大范围内分散污染物。背后隐藏的想法是，排放物将被稀释到安全区域。其对森林造成了破坏，可见这是一个根本性的错误。

颁布许可和禁令，是欧洲工业化国家的另一项环境保护战略，例如，1810年拿破仑的贸易立法规定了商业工厂的位置，并希望更好地分散环境污染。后来通过的"区域法规"或"分区计划"也有着相同目的。1863年英国的碱工作法又向前迈进了一步，它为苏打水厂排放的盐酸气体确定了最大值。20世纪,各个国家大量发布与污染物有关的规定,这和它们的新制度有关。后来,又增加了对旧系统改造的规定。相应的技术环保措施,不会对生产和消费进行任何根本性的审查。相反,它们旨在通过使用技术,消除或减少人类经济活动的负面影响。

然而,如今,人们开始从根本上质疑消费密集型生活方式及资源消耗。来自消费者的批评,始于富裕的西方国家,并以跨越国家和文化边界的全球讨论形式延续。在第三世界和第四世界国家,这成了反对西方工业国家在全球经济中独占鳌头的论据。话题讨论的全球化脚步,赶上了环境问题的全球化。

毫无疑问,发达国家和公民的消费,引起了部分环境问题。利用世界上的资源,将垃圾倒入海洋,或将包括有毒废物在内的垃圾,运到贫困地区。他们在焚化炉中燃烧垃圾,并将产生的废气释放到大气中。

如今,全世界四分之一的人口使用着四分之三的资源,并产生四分之三的废物和污染排放。一半高消费人口生活在发达的消费社会,另一半是新兴和发展中国家的少数富裕人口。人们普遍认为,消费社会的富裕水平不可能普遍化,地球无法承担额外的负荷。自从人口稠密的国家(例如中国、印度和巴西)通过充满活力的发展而不断繁荣时,这一观点就成了一个特别的话题。

我们的世界处于窘境之中,虽不乏提高效率和自给自足的建议。效率的提高,与更好地利用材料和能源有关。自给自足,意味着在维持生活质量的同时,放弃一些商品和服务。但是,这不代表降低消费水平。

生活质量等同于财产所有权和消费者活动。生活质量的停滞趋势,已经引起了分配斗争、政治抗议和社会动荡。欠发达国家以富裕人群的消费水平为奋斗目标。几乎没有人愿意通过放弃消费来应对全球环境危机。而世界已经达到了消费社会的极限。

思考题

1. 什么是作为消费的技术?

2. 对消费技术的研究包括哪些方面?

3. 在日常消费社会的技术中,有哪些你感兴趣或者认为值得研究的方向?

4. 选择一个感兴趣的方向做深入阅读,推荐一篇文章或一本著作并做分享。

拓展阅读

[1] Berger M L. The automobile in American history and culture: a reference guide[M]. Westport, Connecticut: Greenwood Press, 2001.

[2] Bilstein R E. Flight in America, 1900~1983: From the wrights to the astronauts[M]. Baltimore: Johns Hopkins University Press, 2001.

[3] Bogart L. The age of television: A study of viewing habits and the impact of television on American life[M]. New York: Ungar, 1972.

[4] Campbell-elly M, Aspray W. Computer: A history of the information

machine[M]. New York: Basic Books, 1996.

[5]　Gomery J D. Shared pleasures: A history of movie presentation in the United States[M]. Wisconsin: University of Wisconsin Press, 1992.

[6]　Herlihy D V. Bicycle: The history[M]. New Haven: Yale University Press, 2004.

[7]　Jakle J A. City lights: Illuminating the American night[M]. Baltimore: Johns Hopkins University Press, 2001.

[8]　McKay J P. Tramways and trolleys: The rise of urban mass transport in Europe[M]. Princeton: Princeton University Press, 1976.

[9]　McNeill J R. Something new under the sun: An environmental history of the twentieth century world[M]. London: W. W. Norton & Company, 2001.

[10]　Millard A J. America on record: A history of recorded sound[M]. Cambridge: Cambridge University Press, 1995.

[11]　Mom G. The electric vehicle: technology and expectations in the automobile age[M]. Baltimore: Johns Hopkins University Press, 2004.

[12]　Ndiaye P A. Nylon and bombs: DuPont and the march of modern America[M]. Baltimore: Johns Hopkins University Press, 2007.

[13]　Nye D E. Electrifying America: Social meanings of a new technology, 1880~1940[M]. Cambridge: MIT Press, 1990.

[14]　Schatzberg E. Wings of wood, wings of metal: Culture and technical choice in American airplane materials, 1914~1945[M]. Princeton: Princeton University Press, 1999.

[15]　Spitz P H. Petrochemicals: The rise of an industry[M]. New York:

Wiley, 1988.

[16] Trentmann F. Empire of things: How we became a world of consumers, from the fifteenth century to the twenty-irst[M]. London: Allen Lane, 2016.

8 关于技术史学习的意义

从技术史中学习,对此可以有狭义的、广义的理解。根据狭义的解释,我们可以借助技术史来改进或至少更好地理解技术。技术史主要关注的是技术的结构和功能。因此,技术史将是工程科学的辅助科学。技术知识中相应的假设,已经在技术史中被多次制定,但是迄今为止,这些假设很少被制度化和具体化。实际上,在20世纪初期,技术科学将技术史作为一种边缘化的子学科,从其范围更窄的学科中分离出去,并自20世纪60年代以来,在历史研究的背景下,一直支持技术史学术制度化。

从技术史中学习,这个假设不仅适用于研发,而且还适用于技术教育。实际上,许多大学的工程专业学生,都有机会将技术史作为选修课或选修专业。但是,技术不仅是工程研究中不可或缺的一部分,更是对工程研究的补充。自1979年以来,由德意志博物馆(Deutsches Museum)主编的《自然科学与技术的文化史》系列,正式面向广大教师和培训师。实际上,它可能已被技术史学习大规模使用。

普通学校的技术史课程,并不是针对技术职业培训,而是针对普通教育。在技术课程和历史课程中,都存在相应的授课方法。普通技术教育仅在某些类型的学校中被制度化,甚至在没有得到积极回应的情况下,有人甚至建议将技术史作为一门针对普通技术教育的必修课。

在历史课程中,技术史内容只是偶尔出现,特别是在提到工业革命的背景时。但是,通常这些技术史内容,不会以结构化的方式出现。从大量事实来看,这一做法仍是有缺陷的。

首先,要知道的是,"从技术史中学习"的含义是什么,会出现什么问题,然后通过回顾性技术评估的例子,介绍在其实际操作上的尝试。

亨利·福特很反感学校里的知识。他觉得教学是多余的,其中包括历史课。他以著名的结论来证实,历史被洗劫了,或者或多或少地被掩盖了。相比之下,他赞同实践技能的做法,边做边学,例如修补机器和汽车。福特将自己视为一个实际的当代人,并且与理论或历史文化人物保持距离。但是,在他的自传中也有这样的说法:"由一系列过去的错误和失败的路标组成的教育,可能非常有用。"

因此,以福特的天真和他轻松自如的风格,勾勒出一个张力领域,所有知识都应放置在其中,科学也发生在其中。赫尔曼·吕贝(Hermann Lübbe)用好奇心和相关性来概述这一张力领域:好奇心是没有目的的好奇心,而相关性是为了任何目的的相关性。吕贝提倡好奇心的相关性,对他来说,无目的的好奇心是一种文化成就,是人们理性对待世界的条件。

技术史的好处,可以用普遍或务实的论证来证明。一个普遍的合理性论证指出,只能通过参考历史的方式来理解和解释技术。一个务实的论证假定是,历史知识在当前技术发展中仍有具体应用。如果我们要谈论对技术的理解和解释,那这与技术功能无关。主要问题是,为什么技术是这样的,以及它是如何变成了这样。因此,技术不是"已经存在"的事物,而是"已经成为某种东西"的事物。

　　我们经常会遇到难以解释的技术现象。如果在柏林乘坐地铁从路特广场（Ernst-Reuter-Platz）到波茨坦广场（Potsdamer Platz）会发现很多有意思的问题。为什么这列地铁会上升到地面并行驶在高架上？为什么美国的电车通常带有滚轮受电弓，而德国的电车通常带有托架受电弓？

　　所有这些问题都可以用技术史知识回答，而且只能用技术史知识回答。好的答案，一定会涉及技术史的不同方面：技术知识、技术能力、经济条件、政治决策、法律法规、文化倾向等。无论如何，我们生活在一个已成为历史的世界中，即技术已成为历史。此外，人们在生活中的行为和感受，受传统事物的影响。因此，如果我们想了解自己和周围的环境，那么我们就需要历史知识。对自我和世界的必要理解，通常以"教育"为核心。技术科学世界中的技术人员需要技术、历史和技术史教育。

　　第二个务实的论据是根据技术史代表的说法，技术的历史可以为当前以及未来的技术问题，提供直接或间接的帮助，寻找解决方案。总体而言，历史以及与我们息息相关的技术史，构成了人类经验的宝库，为人类经验的发展带来了福利。这意味着，人们对过去可用的技术知识和将来会被遗忘的技术知识，又有了需求，并且可以通过对技术史的研究来发现它们。

　　但是，技术知识通常不会消失，而会被整合到技术过程和系统中。技术开发是在缓慢、累积的过程中进行的，其中很少发生跳跃。现有技术，在一定程度上代表了技术史记忆，但是，技术发展的方式，不仅取决于内部技术因素，还取决于外部需求。社会经济条件推动了某些技术的发展,而另一些技术则退居幕后。技术产品和设施不一定会融合到其他产品中,它们也可能会完全消失。

举例来说,由于德国的天然石油储量有限,自第一次世界大战以来,人们大范围致力于找寻天然石油资源,并在碳水化合物加氢领域取得了明显的成功。在国家社会主义自给自足政策和战争准备期间,技术的发展工作达到了高潮,并产生了大规模的技术。另一方面,在联邦德国的前20年中,西方国家一体化,自由进入世界市场以及石油供应过剩,这些因素抽走了碳水化合物加氢研究的政治和经济土壤。直到石油危机发生时,人们才发现碳水化合物氢化是一种技术选择。相关公司重启了战前时期的研究记录和个人专有技术。但是,这并不是要恢复原始形式的旧技术,而是要根据当前的经济状况,按照当今知识和技能的状态进一步云发展它们。

技术史对当前技术发展的这种具体帮助,应该是例外。更重要的是,技术史可以像通常的历史一样,活跃学习和思考过程,从而间接地支持技术决策。历史的技术发展,和当前的技术发展同样涉及技术变革、变革的成因以及最终对环境和社会的影响。技术史学家努力了解当代技术的参与者,例如商业领袖、工程师和政治家,以及他们的动机和对未来的展望。与同时代的其他人相比,技术史学家的优势在于,已经知道行动的效果以及后来发生的实际情况。因此,他们知道各个计划、决策和未来计划的发展方向。那么,当技术发展或其他社会发展遵循规则和法律,并被重复使用时,技术史学家和历史学家便成了天生的预言家。但事实并非如此:历史不会重演。在历史发展中,我们至多可以找到一些相似之处,很多情况下,我们仅是在回顾历史。

从上述窘境中,我们可以得出结论,所有的决策充满了不可逆的不确定性。技术规划和技术变更,在一定程度上代表了反复试验的过程。卡尔·波普尔(Karl Popper)的观点令人信服,他认为除了操作"计件技术"(Stückwerks-Technologie)外我们别无选择。人们做出个人决定,并做出个人更改,考虑并评估其行动的效果,做出进一步的决定,并以此方式逐步接近他们的目标。

历史和技术史中的经验,最多可以提炼为规则或原则。但是,这里又有两种相对的讨论:规则和原则并非在所有时间和所有将来都适用。在不同情况下,我们都必须权衡它们是否仍然与当前有关。从历史中得出的规则和原则,并没有普遍适用性。相反,技术史的生产者和接受者以不同的方式来制定和解释技术。例如,从技术转让的历史中,有人会得出结论:复杂的技术知识和技能的转让,总是与人相关。但是,我们可以严格地询问,这条规则在高性能计算机时代是否仍然有效。一些技术史学家,将从研究和发展的历史中得出结论,无论技术的开发支出有多高,都不能保证成功。其他人可能会说,利用当今可用的大量知识和经济资源,我们可以解决几乎所有的技术问题。这些不同的观点,应该反映在不同的原则中,例如当事人承担风险的意愿或风险的多样化,确定性或灵活性和可逆性。

关于技术史的实用性问题无非是一个老生常谈的问题,即人们是否可以从历史中学习。在不同情况下,可能有充分理由的问题,但也可能恰恰相反,或许人们已经从历史中学到了一切。这一矛盾的根源在于,我们可以把"学习"理解成不同的事实。如果将学习理解为"做正确的事",那么就会被怀疑主义钻牛角尖。人们采取与历史不同的行动方针,回想起来,很多人会觉得这存在问题。历史学家可能会感到安慰,因为也不存在其他科学,可以在复杂的抉择中找寻一条正确的道路。然而,如果我们将"学习"理解成"形成自己的见解",那么这种学习过程将始终是唯一的,并且是在历史上进行的。历史学准备和解释的历史知识以及它们在其他学科的知识储备,即使它们其实与未来有关,同时也始终具有类似过程的特征,因此具有历史特征。最后,从历史中学习包括在人类社区和社会框架内,发展和巩固个人的历史经验。

提及技术史,只有在特殊情况下,我们才能依靠技术历史知识来开发更好的技术。技术史会提供给我们一些建议,但是,这些建议需要根据当前的要求和相应的技术水平进行转换和润色。间接的历史技术知识也意义重大,它增强了我们对技术的社会文化前提和效果的判断力。并且,技术史使人们意识到技术发展的开放性。因此,它具有相对论的功能,增强了对救赎的轻率承诺和厄运预言的批判意识。用雅各布·伯克哈特(Jacob Burckhardt)的话来说,不会使它成为"(一次性的)小聪明",而是希望使其成为"(永远性的)明智之举"。

20世纪,技术的未来不确定性日益增加,技术评估,是人们对此做出的一种应对方式。一方面,技术的行动可能性增加了;但是,另一方面,人们早期对技术的信心减弱了。技术进步,将在一定程度上自动带来社会进步。为了有关技术的更牢固的政治和经济决策,技术评估希望尽可能多地分析前瞻性的技术发展,评估技术发展对环境和社会的后果,并根据社会目标和价值体系,对其进行评估。从广义上讲,在过去的几十年中,对技术的公开讨论,便是技术评估的要素。从狭义上讲,技术评估是由科学和政治机构进行的技术发展鉴定。

　　那么，未来与历史有何关系？乍一看，历史似乎与未来相反。我们可以通过以下事实来反驳此观点，历史学家在考察人类活动随时间变化的过程时，会牢记所有相对的时间线，例如过去、现在和未来。一方面，我们通过未来描述当代人的期望、希望和计划；另一方面，我们已经知道了自己正在探索的未来，以后会发生什么事件，甚至成为这个未来的一部分。卡尔·迪特里希·埃德曼（Karl Dietrich Erdmann）总结了这一事实："正在逝去的未来，对于当下，正是一部分过去。"

　　但是，历史学家应该始终意识到这一点，这是一种特殊的未来。引用赖因哈德·维特朗（Reinhard Wittram）的话，这是一种逝去的未来，直到今天，它与过去的事件相关，所以只有一部分将来会发生，或者可能发生。因此，历史学家所描述的因果关联，他们所建立的发展路线，始终都是临时的。因此，无论是否找到了新的资料，都必须一次又一次重写历史。

　　这里概述的历史学也包含一种未来方向，因此，不应该把直至目前的历史作为历史的终点。始终以发展的眼光看待历史的思想对于技术史来说意义非凡，在技术史的领域中，这指向"成功者的技术史"，也就是说，首先要审查迄今为止所有流行过的技术的发展。此外，这种历史性的技术发展也对元历史作出了奉献，这些奉献大多是遵循进化论或自然法逻辑的。

　　1974年，约瑟夫·F.科茨（Joseph F. Coates）在国家科学基金会的一项研究计划中制定了追溯技术评估（RTA）计划，该计划以及RTA这个术语，将技术评估和技术历史结合在一起。科茨认为，这是根据当代观点出发，对过去的发展，进行技术评估研究的尝试。在随后的几年中，

美国国家科学基金会要求进行四项研究,我们称之为追溯技术评估研究:

(1)关于从1800年至今的美国废水处理技术。这项研究是一项相当常规的工作,因此,这项工作也许特别有利可图,它研究了各种竞争性垃圾处理和废水处理系统的发展,以及预估未来的趋势。价值的变迁,作为技术发展的触发因素,起到了重要作用。

(2)关于电话。由伊契尔·索勒·普尔(Ithielde Sola Pool)领导的研究小组确定了电话引起的一百多种效应,列举了使用电话时,人们所表达的期望,并讨论了为何有些人放置电话的方式正确,有些人错误。

(3)关于"美国工业委员会"的咨询工作,以及1898~1902年美国经济集中化进程产生的政治后果。该研究的作者,使用广泛的技术术语"管理技术"描述委员会的工作。除了具体的案例研究之外,作者还关注科学政策分析与政策建议以及政治决策过程之间的联系,从中他们得出了将技术评估制度化的建议。

(4)关于第一条跨大西洋电缆(该电缆于1866年投入运营,随后成功连接了世界电报网络)。它带来的影响有很多,尤其对贸易、政治和舆论产生了影响。

此处介绍的RTA研究和其他研究主要涉及以下四个主题领域:

(1)开发新技术。这些工作,或多或少详细地涉及了经济、技术、社会和政治原因以及技术发展的附带条件。它们甚至还包括现代技术替代品的开发。

(2)技术发展对环境和社会的影响。对跨大西洋电缆的研究,致力于对它的影响进行综合分析。

　　(3) 当代对技术发展及其后果的期望。但是,当代的期望,在很大程度上需要经验知识。在大多数情况下,预测并非是基于对当代技术和社会的广泛分析。

　　(4) 对比当代期望与实际情况。这是追溯技术评估的教学核心,目的是从历史研究中汲取经验教训,从而进行现代评估。

　　技术的影响,不是追溯技术评估的储备,而是现代技术史的有机组成部分。实际上,最好的研究中,有一些引用了技术史上的传统方法。但是,研究者明确把重点放在了与当代期望之间的比较上,这些期望构成了技术发展背景的一个组成部分,而实际发生的后果,则可以归为技术使用的范畴。

　　追溯技术评估,以及现代技术史,对于当今的技术预测、技术评估和技术规划到底有什么作用? 美国国家科学基金会的RTA计划,旨在利用历史研究来优化当今的预测。一些研究小组建立了评估小组,并委托他们根据以前的技术和社会知识进行预测和评估。他们使用了一些定性和定量方法,例如头脑风暴、书面调查、类比法。

　　在此,关于RTA方法的性能不做更详细的讨论,或者在狭义的方法论上进行历史类比。笔者认为,追溯技术评估的价值,不在于方法论领域,而在于使参与技术评估的人们意识到,由于历史发展的开放性而导致他们的努力具有局限性。因此,这里将列举关于历史思维和历史程序如何利用技术评估的三种论述,以及关于当前的技术讨论。

　　论述一:对技术史的整体研究方法,对应技术评估须解决问题的领域的复杂性。

　　技术评估要考虑所有技术创新的结果。这可能是来自社会、经济、政治、法律、生态、技术以及其他方面的影响。

同样，历史学和技术史的问题不是按学科固定的，而是从整个历史和技术史过程的不同角度提出的。

论述二：追溯技术评估和技术史，显示出历史期望和预测的时间限制性。

预测的目的，是对于可能的预估发表声明。现在的问题在于一方面，原则上，人类在复杂的社会技术发展上获得知识的可能性有限；另一方面，历史发展不是按照法律规定进行的。预测者有意识地或无意识地，用自己的未来期望来弥补这种知识上和法律上的不足。预测者受到时间限制和利益约束，预测的内容可能被夸大了，以至于预测对预测者本人的关注多于对预测本身的关注。

论述三：追溯技术评估和技术史，使因趋势和结构中断的技术影响，研究范围变得清晰。

传统的技术预测手段是趋势推断，即将过去延续到未来。但是，当出现趋势中断时，这种推断就过时了。例如20世纪70年代的石油危机和2007年的房地产、银行业和经济危机。很多学者指出，一般情况下，趋势推断会排除结构性变化。因此，他们建议使用规范性程序。它能概述理想的未来，并询问实现目标的要求和障碍。

追溯技术评估和技术史可以为技术评估做出内容贡献和教学贡献。迄今为止，这种潜力尚未充分开发。一方面，是由于技术史在科学体系和技术政策中处于外围地位；另一方面，技术政策及其咨询机构受到科学限制。鉴于人们在很大程度上可以控制技术，因此没有给重要的技术史留下空间。

思考题

1. 技术史学习给你带来哪些思考？

2. 对日常技术的发展有哪些思考？结合理论谈一谈你感兴趣的技术话题。

拓展阅读

[1] Coates V T. A retrospective technology assessment：Submarine telegraphy，The transatlantic cable of 1866[M]. San Francisco：San Francisco Press，1979.

[2] Mazlish B. The railroad and the space program：An exploration in historical analogy[M]. Cambridge：MIT Press，1965.

[3] Nelsen A K，Foster G. A Retrospective Technology Assessment of Management Technology：The Case of the United States Industrial Commission 1898~1902[M]. Washington：Manuscript NSF，1977.

[4] Pool Ithiel de Sola. Forecasting the telephone：A retrospective technology assessment[M]. Norwood：Ablex Publishing Corporation，1983.

[5] Porter A L. A guidebook for technology assessment and impact analysis [M]. New York：North Holland，1980.

[6] Tarr J A. Retrospective Technology Assessment：1976[M]. San Francisco：San Francisco Press，1977.

[10] 姜振寰. 技术通史[M]. 北京:中国社会科学出版社,2017.

[11] 陈久金,万辅彬. 中国科技史研究方法[M]. 哈尔滨:黑龙江人民出版社,
2011.

[12] 辛格. 技术史[M]. 辛元欧,译.上海:上海科技教育出版社,2004.

西文人名及译名

Alemberts，Jean le Rond d'（让·勒朗·达朗贝尔）

Bacon，Francis（弗朗西斯·培根）

Beckmann，Johann（约翰·贝克曼）

Bell，Alexander Graham（亚历山大·格雷厄姆·贝尔）

Benz，Carl（卡尔·奔驰）

Bernal，John Desmond.（约翰·德斯蒙德·贝尔纳）

Bessemer，Henry（亨利·贝塞麦）

Beuth，Christian Peter Wilhelm（克里斯蒂安·彼得·威廉·博伊特）

Bijker，Wiebe E.（韦伯·比克）

Bloch，Marc（马克·布洛赫）

Boorstin，Daniel J.（丹尼尔·J. 布斯汀）

Boulding，Kenneth E.（肯尼思·E. 博尔丁）

Bourdieu，Pierre（皮埃尔·布迪厄）

Braudel，Fernand（费尔南·布罗代尔）

Brunel，Ethanbad K.（伊桑巴德·K. 布鲁内尔）

Burckhardt，Jacob（雅各布·伯克哈特）

Callon，Michel（米歇尔·卡伦）

Cartwright，Edmund（埃德蒙·卡特赖特）

Childe，VereGordon（戈登·柴尔德）

Coates，Joseph F.（约瑟夫·F.科茨）

Chandler，Alfred D.（艾尔弗雷德·D.钱德勒）

Conze，Werner（韦尔纳·康兹）

Cort，Henry（亨利·科特）

Crompton，Samuel（塞缪尔·克朗普顿）

Daimler，Gottlieb（戈特利布·戴姆勒）

Darby，Abraham（亚伯拉罕·达比）

Daumas，Maurice（莫里斯·达摩斯）

Diderot，Denis（德尼斯·狄德罗）

Dierkes，Meinolf（梅诺夫·迪尔克斯）

Diesel，Rudolf（鲁道夫·狄赛尔）

Dosi，Giovanni（乔瓦尼·多西）

Durbin，Paul T.（保罗·T.杜尔宾）

Durkheim，Émile（埃米尔·杜尔凯姆）

Edison，Thomas Alva（托马斯·阿尔瓦·爱迪生）

Eisenhower，Dwight D.（德怀特·D.艾森豪威尔）

Ellul，Jacques（雅克·埃卢尔）

Engels，Friedrich（弗里德里希·恩格斯）

Erdmann，Karl-Dietrich（卡尔-迪特里希·埃德曼）

Eyth，Max（马克斯·埃斯）

Faraday，Michael（迈克尔·法拉第）

Field，Cyrus（塞勒斯·菲尔德）

Ford，Henry(亨利·福特)

Foucault，Michel(米歇尔·福柯)

Freyer，Hans(汉斯·弗赖尔)

Fulton，Robert(罗伯特·富尔顿)

Geertz，Clifford(克利福德·格尔茨)

Gehlen，Arnold(阿尔诺德·盖伦)

Giddens，Anthony(安东尼·吉登斯)

Gilfillan，Seabury Colum (波利·格伦·吉尔菲兰)

Gilles，Bertrand(伯特兰·吉尔斯)

Günter，Ropohl(君特·罗珀尔)

Habermas，Jürgen(尤尔根·哈贝马斯)

Hard，Mikael(米卡尔·哈尔德)

Hargreaves，James(詹姆斯·哈格里夫斯)

Hauptmann，Gerhart(戈哈特·豪普特曼)

Heidegger，Martin(马丁·海德格尔)

Hounshell，David A.(大卫·A. 霍恩谢尔)

Hughes，Thomas P.(托马斯·P. 休斯)

Jacquard，Joseph Marie(约瑟夫·玛丽·雅卡尔)

Kant，Immanuel(伊曼努尔·康德)

Kapu，Heathbert(希斯贝特·卡普)

Kay，John(约翰·凯伊)

Klemm，Friedrich(弗里德里希·克莱姆)

Kranzberg，M.(M. 克朗斯堡)

Kuhn，Thomas S.(托马斯·S.库恩)

Lamprecht，Karl(卡尔·兰普雷希特)

Latour，Bruno(布鲁诺·拉图尔)

Law，John(约翰·劳)

Lepenies，Wolf(沃尔夫·勒佩尼斯)

Leroi-Gourhan，Andre(安·勒儒瓦高汉)

Linde，Hans(汉斯·林德)

List，Friedrich(弗里德里希·李斯特)

Lübbe，Hermann(赫尔曼·吕贝)

Lubran，Nicholas(尼古拉斯·吕布兰)

Luhmann，Niklas(尼古拉斯·卢曼)

Mackintosh，Charlie(查理·麦金托什)

Malthus，Thomas Robert(托马斯·罗伯特·马尔萨斯)

Marconi，Guglielmo(伽利尔摩·马可尼)

Marx，Karl(卡尔·马克思)

Matschoß，Conrad(康拉德·马修斯)

Maudslay，Henry(亨利·莫兹利)

Maybach，Wilhelm(威廉·迈巴赫)

McLuhan，Marshall(马歇尔·麦克卢汉)

Mill，John Stuart(约翰·斯图亚特·穆勒)

Mitcham，Carl(卡尔·米切姆)

Morse，Samuel(塞缪尔·摩尔斯)

Moses，Robert(罗伯特·摩西)

Muthesius, Hermann(赫尔曼·穆特修)

Nelson, Richard R.(理查德·R. 纳尔逊)

Newcomen, Thomas(托马斯·纽科门)

Ogburn, William(威廉·奥格伯恩)

Otis, Elisha G.(以利沙·G. 奥蒂斯)

Otto, Nikolaus August(尼古拉斯·奥古斯特·奥托)

Parsons, Charles A.(查尔斯·A. 帕森斯)

Paulinyi, Akos(阿科斯·鲍林尼)

Perkin, Henry(亨利·珀金)

Pit, Joseph C.(约瑟夫·C. 皮特)

Popper, Karl(卡尔·波普尔)

Poser, Hans(汉斯·波塞尔)

Pursell, C. W.(C. W. 普塞尔)

Radkau, Joachim(约阿希姆·拉德考)

Reijen, Willem Van(威廉·范·赖恩)

Ricardo, David(大卫·李嘉图)

Roberts, Richard(理查德·罗伯茨)

Robertson, Roland(罗兰·罗伯逊)

Rockefeller, John D.(约翰·D. 洛克菲勒)

Roebuck, John(约翰·罗巴克)

Ross, Walter(华尔特·罗斯)

Rürup, Reinhard(莱茵哈特·吕鲁普)

Schieder，Theodor（特奥多尔·席德）

Schlözer，August Ludwig von（奥古斯特·路德维希·冯·施罗泽）

Schmookler，Jacob（雅各布·施穆克勒）

Schnabel，Franz（弗朗茨·施纳贝尔）

Schneider，Volker（沃尔克·施耐德）

Schumpeters，Joseph（约瑟夫·熊彼特）

Scranton，Philip（菲利普·斯克兰顿）

Singer，C.（C. 辛格）

Smith，Adam（亚当·斯密）

Snow，Charles P.（查尔斯·P. 斯诺）

Sombart，Werner（维尔纳·桑巴特）

Stephenson，George（乔治·斯蒂芬森）

Stephenson，Robert（罗伯特·斯蒂芬森）

Taylor，Frederick W.（弗雷德里克·W. 泰勒）

Teusch，Ulrich（乌尔里希·特乌什）

Thomas，Sidney Gilchrist（西德尼·吉尔克里斯特·托马斯）

Thorp，John（约翰·索普）

Van der Loo，Hans（汉斯·范·德鲁）

Watt，James（詹姆斯·瓦特）

Weber，Max（马克斯·韦伯）

Wehler，Hans-Ulrich（汉斯-乌尔里希·韦勒）

Winter，Sidney G.（西德尼·G. 温特）

Wittram，Reinhard（赖因哈德·维特朗）

Wolffgramm，Horst（霍斯特·沃尔夫格拉姆）

Wright，Orville（奥维尔·莱特）

Wright，Wilbur（威尔伯·莱特）

Zeppelin，Ferdinand von（费迪南·冯·齐柏林）

后 记

德国的技术史研究发端较早,一般认为开始于1722年,由德国哥廷根大学的约翰·贝克曼创立工艺学,其中包含了现在的工程学和工程技术史两方面的内容。在整个19世纪,技术史的著作几乎都是由德国人完成的,包括卡尔·波普尔的《技术史》、卡尔·卡尔马什的《技术史》、奥斯卡·霍普的《发明发现史》等。

进入20世纪后,技术史研究在世界范围内很快开展起来。德国1909年创立期刊《当代技术与工业史文集》,1965年复刊后改名《技术史》。早期的技术史研究主要是由工程师和从事技术工作的技术人员完成的,研究内容主要涉及技术设备和技术方法的开发、机器类型谱系以及企业史中的技术生产。从20世纪60年代开始,技术史的研究逐步由历史学家接手。历史学家们开始尝试从历史、社会和技术的多重视角建构技术史研究的体系,研究内容则扩展到技术与社会等方面。20世纪80年代后,很多德国的大学开始开设科学技术史专业,如柏林工业大学、卡尔斯鲁厄理工学院、海德堡大学、哥廷根大学等。可以说,技术史研究在德国的发展历经数百年,发展出了相当多元的研究领域、视角和方法。因此,这也是我希望通过以与德国学者合作的模式来探讨技术史研究基本问题的初衷。

2009年,我负笈德国,投入德国科学与工程院院士、技术史专家科尼希教授门下攻读博士学位。柏林工业大学技术史专业设在人文与教育学院哲学、文学及科学技术史研究所,教学和研究的重点是技术、社会与环境之间的历史联系。技术史系承担了全校的技术史相关课程,包括"科学和技术发展史"(本科生课程)、"科技史与文化"(研究生课程)、"科技史及其理论"(研究生课程)等。研究领域包括:日常生活的机械化和消费史、技术与环境之间的相互作用(如处理工业和技术遗产、农业的机械化和化学化、河流景观的机械化等)、从历史的角度来看"可持续性"问题(如资源管理、维修、回收）、能源技术、能源消耗和电气化的历史、性别历史、性别和技术、出行历史、出行研究与其他出行文化、客体研究与物质文化研究、材料史与材料科学史以及与这些方向相关的国别史。

我在读博期间，选修了包括18～19世纪的德国技术史、数字化历史导论、科技史的理论与方法概论、技术与社会等一系列的技术史研究的基础课程，这种课程一般以授课（Vorlesung）的形式进行，即主要由老师讲授。此外，我还参加了一些讨论课（Seminar）的课程，包括"李约瑟与科技史""技术史文献与写作""技术的历史与文化"等。经过多年的积累，我逐渐掌握了德国技术史学科研究的视角和方法。

2015年博士毕业回国后，我开始在中国科学技术大学科技史与科技考古系担任特任副研究员，从事中国近现代科技史，特别是工程史和工程师史的研究。在此之前，我对国内技术史的研究知之甚少，回国后便感受到了国内外学术研究范式上的较大差异。这种差异是无形的，并且来自研究的各个方面，在学术思维、语言、问题意识、研究方法等方面都有着巨大的不同。而中西研究范式的转变如"Culture Shock"（文化冲击）一样，需要时间进行一番"脱胎换骨"的学习和适应。

因此，在这一过程中，我常常下意识地把中西技术史研究的问题和方法进行比较。通过这种比较，我发现，国内技术史的研究虽已然成为科技史下一个独立的研究方向，但是对技术史理论的研究和探讨却很薄弱。特别是在准备开设技术史研究的课程时，我发现技术史研究的相关教材，特别是理论与方法研究的教材较少。国内最早关于技术史研究的著作是1987年由中国科学技术史学会技术史委员会编著的《技术史研究》，2002年姜振寰主编的《技术史研究》，2006年张柏春、李成智主编的《技术史研究十二讲》，2011年陈久金、万辅彬主编的《中国科技史研究方法》等，这些著作都在中国技术史研究的理论与方法上做出了深入探讨和案例分析。但值得注意的是，国内技术史研究中对西方技术史研究的理论与方法的介绍并不多见，这类型的课程在国内科技史专业的开设也较少。同时，我在与国外技术史研究的专家学者的交流中同样发现，在国际同行的普遍印象中，中国学者在技术史领域的研究多聚焦于中国古代的技术。对近年来受到国际学者关注的有关近代以来的技术与社会、中西技术交流的研究以及技术史研究方法的讨论较少。范式、视角和方法的差异,使得中西方技术史学者产生对话上的困难。

因此,从2018年科尼希教授来中国科学技术大学交流访问的一次探讨开始,我们着手打算做一本关于中西方技术史研究的入门教材。基于科尼希教授多年技术史教学的积累和我在德国柏林工业大学、洪堡大学和自由大学三校联盟的技术史专业学习中的讲义、笔记和在中国进行技术史研究中形成的一些体会,对中西方技术史研究的理论、方法等问题进行探讨。同时我也尝试着以此书作为中国科学技术大学科技史与科技考古系"技术史"课程的参考教材,用于面向研究生授课。

对于教材的编写,我一直心存一种深深的敬畏感。这样的工作一般应该由该领域的资深研究者来担任,而我作为一名从事技术史研究不久的研究人员来编写这样的教材,肯定会有难免的讹误与不足。我想仅以一名由学生到研究者转换的身份来思考和探讨一些中西技术史研究的理论和前沿问题,还恳望读者批评指教,以利在今后的研

　　究中进一步改进。

　　感谢科尼希教授在此书中的贡献以及对我的
支持和帮助。

王安轶

2020年冬